Sonderabdruck für Prüfungszwecke

aus dem

Hilfsbuch

für den

Maschinenbau.

Von

Fr. Freytag.

Springer-Verlag Berlin Heidelberg GmbH

ISBN 978-3-662-31864-5   ISBN 978-3-662-32691-6 (eBook)
DOI 10.1007/978-3-662-32691-6
Softcover reprint of the hardcover 1st edition 1908

n	n^2	n^3	$\sqrt{n}$	$\sqrt[3]{n}$	$\log n$	$\dfrac{1000}{n}$	πn	$\dfrac{\pi n^2}{4}$	n
1	1	1	1,0000	1,0000	0,00000	1000,000	3,142	0,7854	1
2	4	8	1,4142	1,2599	0,30103	500,000	6,283	3,1416	2
3	9	27	1,7321	1,4422	0,47712	333,333	9,425	7,0686	3
4	16	64	2,0000	1,5874	0,60206	250,000	12,566	12,5664	4
5	25	125	2,2361	1,7100	0,69897	200,000	15,708	19,6350	5
6	36	216	2,4495	1,8171	0,77815	166,667	18,850	28,2743	6
7	49	343	2,6458	1,9129	0,84510	142,857	21,991	38,4845	7
8	64	512	2,8284	2,0000	0,90309	125,000	25,133	50,2655	8
9	81	729	3,0000	2,0801	0,95424	111,111	28,274	63,6173	9
10	1 00	1 000	3,1623	2,1544	1,00000	100,000	31,416	78,5398	10
11	1 21	1 331	3,3166	2,2240	1,04139	90,9091	34,558	95,0332	11
12	1 44	1 728	3,4641	2,2894	1,07918	83,3333	37,699	113,097	12
13	1 69	2 197	3,6056	2,3513	1,11394	76,9231	40,841	132,732	13
14	1 96	2 744	3,7417	2,4101	1,14613	71,4286	43,982	153,938	14
15	2 25	3 375	3,8730	2,4662	1,17609	66,6667	47,124	176,715	15
16	2 56	4 096	4,0000	2,5198	1,20412	62,5000	50,265	201,062	16
17	2 89	4 913	4,1231	2,5713	1,23045	58,8235	53,407	226,980	17
18	3 24	5 832	4,2426	2,6207	1,25527	55,5556	56,549	254,469	18
19	3 61	6 859	4,3589	2,6684	1,27875	52,6316	59,690	283,529	19
20	4 00	8 000	4,4721	2,7144	1,30103	50,0000	62,832	314,159	20
21	4 41	9 261	4,5826	2,7589	1,32222	47,6190	65,973	346,361	21
22	4 84	10 648	4,6904	2,8020	1,34242	45,4545	69,115	380,133	22
23	5 29	12 167	4,7958	2,8439	1,36173	43,4783	72,257	415,476	23
24	5 76	13 824	4,8990	2,8845	1,38021	41,6667	75,398	452,389	24
25	6 25	15 625	5,0000	2,9240	1,39794	40,0000	78,540	490,874	25
26	6 76	17 576	5,0990	2,9625	1,41497	38,4615	81,681	530,929	26
27	7 29	19 683	5,1962	3,0000	1,43136	37,0370	84,823	572,555	27
28	7 84	21 952	5,2915	3,0366	1,44716	35,7143	87,965	615,752	28
29	8 41	24 389	5,3852	3,0723	1,46240	34,4828	91,106	660,520	29
30	9 00	27 000	5,4772	3,1072	1,47712	33,3333	94,248	706,858	30
31	9 61	29 791	5,5678	3,1414	1,49136	32,2581	97,389	754,768	31
32	10 24	32 768	5,6569	3,1748	1,50515	31,2500	100,531	804,248	32
33	10 89	35 937	5,7446	3,2075	1,51851	30,3030	103,673	855,299	33
34	11 56	39 304	5,8310	3,2396	1,53148	29,4118	106,814	907,920	34
35	12 25	42 875	5,9161	3,2711	1,54407	28,5714	109,956	962,113	35
36	12 96	46 656	6,0000	3,3019	1,55630	27,7778	113,097	1017,88	36
37	13 69	50 653	6,0828	3,3322	1,56820	27,0270	116,239	1075,21	37
38	14 44	54 872	6,1644	3,3620	1,57978	26,3158	119,381	1134,11	38
39	15 21	59 319	6,2450	3,3912	1,59106	25,6410	122,522	1194,59	39
40	16 00	64 000	6,3246	3,4200	1,60206	25,0000	125,66	1256,64	40
41	16 81	68 921	6,4031	3,4482	1,61278	24,3902	128,81	1320,25	41
42	17 64	74 088	6,4807	3,4760	1,62325	23,8095	131,95	1385,44	42
43	18 49	79 507	6,5574	3,5034	1,63347	23,2558	135,09	1452,20	43
44	19 36	85 184	6,6332	3,5303	1,64345	22,7273	138,23	1520,53	44
45	20 25	91 125	6,7082	3,5569	1,65321	22,2222	141,37	1590,43	45
46	21 16	97 336	6,7823	3,5830	1,66276	21,7391	144,51	1661,90	46
47	22 09	103 823	6,8557	3,6088	1,67210	21,2766	147,65	1734,94	47
48	23 04	110 592	6,9282	3,6342	1,68124	20,8333	150,80	1809,56	48
49	24 01	117 649	7,0000	3,6593	1,69020	20,4082	153,94	1885,74	49
50	25 00	125 000	7,0711	3,6840	1,69897	20,0000	157,08	1963,50	50

n	n^2	n^3	$\sqrt{n}$	$\sqrt[3]{n}$	$\log n$	$\dfrac{1000}{n}$	πn	$\dfrac{\pi n^2}{4}$	n
50	25 00	125 000	7,0711	3,6840	1,69897	20,0000	157,08	1963,50	50
51	26 01	132 651	7,1414	3,7084	1,70757	19,6078	160,22	2042,82	51
52	27 04	140 608	7,2111	3,7325	1,71600	19,2308	163,36	2123,72	52
53	28 09	148 877	7,2801	3,7563	1,72428	18,8679	166,50	2206,18	53
54	29 16	157 464	7,3485	3,7798	1,73239	18,5185	169,65	2290,22	54
55	30 25	166 375	7,4162	3,8030	1,74036	18,1818	172,79	2375,83	55
56	31 36	175 616	7,4833	3,8259	1,74819	17,8571	175,93	2463,01	56
57	32 49	185 193	7,5498	3,8485	1,75587	17,5439	179,07	2551,76	57
58	33 64	195 112	7,6158	3,8709	1,76343	17,2414	182,21	2642,08	58
59	34 81	205 379	7,6811	3,8930	1,77085	16,9492	185,35	2733,97	59
60	36 00	216 000	7,7460	3,9149	1,77815	16,6667	188,50	2827,43	60
61	37 21	226 981	7,8102	3,9365	1,78533	16,3934	191,64	2922,47	61
62	38 44	238 328	7,8740	3,9579	1,79239	16,1290	194,78	3019,07	62
63	39 69	250 047	7,9373	3,9791	1,79934	15,8730	197,92	3117,25	63
64	40 96	262 144	8,0000	4,0000	1,80618	15,6250	201,06	3216,99	64
65	42 25	274 625	8,0623	4,0207	1,81291	15,3846	204,20	3318,31	65
66	43 56	287 496	8,1240	4,0412	1,81954	15,1515	207,35	3421,19	66
67	44 89	300 763	8,1854	4,0615	1,82607	14,9254	210,49	3525,65	67
68	46 24	314 432	8,2462	4,0817	1,83251	14,7059	213,63	3631,68	68
69	47 61	328 509	8,3066	4,1016	1,83885	14,4928	216,77	3739,28	69
70	49 00	343 000	8,3666	4,1213	1,84510	14,2857	219,91	3848,45	70
71	50 41	357 911	8,4261	4,1408	1,85126	14,0845	223,05	3959,19	71
72	51 84	373 248	8,4853	4,1602	1,85733	13,8889	226,19	4071,50	72
73	53 29	389 017	8,5440	4,1793	1,86332	13,6986	229,34	4185,39	73
74	54 76	405 224	8,6023	4,1983	1,86923	13,5135	232,48	4300,84	74
75	56 25	421 875	8,6603	4,2172	1,87506	13,3333	235,62	4417,86	75
76	57 76	438 976	8,7178	4,2358	1,88081	13,1579	238,76	4536,46	76
77	59 29	456 533	8,7750	4,2543	1,88649	12,9870	241,90	4656,63	77
78	60 84	474 552	8,8318	4,2727	1,89209	12,8205	245,04	4778,36	78
79	62 41	493 039	8,8882	4,2908	1,89763	12,6582	248,19	4901,67	79
80	64 00	512 000	8,9443	4,3089	1,90309	12,5000	251,33	5026,55	80
81	65 61	531 441	9,0000	4,3267	1,90849	12,3457	254,47	5153,00	81
82	67 24	551 368	9,0554	4,3445	1,91381	12,1951	257,61	5281,02	82
83	68 89	571 787	9,1104	4,3621	1,91908	12,0482	260,75	5410,61	83
84	70 56	592 704	9,1652	4,3795	1,92428	11,9048	263,89	5541,77	84
85	72 25	614 125	9,2195	4,3968	1,92942	11,7647	267,04	5674,50	85
86	73 96	636 056	9,2736	4,4140	1,93450	11,6279	270,18	5808,80	86
87	75 69	658 503	9,3274	4,4310	1,93952	11,4943	273,32	5944,68	87
88	77 44	681 472	9,3808	4,4480	1,94448	11,3636	276,46	6082,12	88
89	79 21	704 969	9,4340	4,4647	1,94939	11,2360	279,60	6221,14	89
90	81 00	729 000	9,4868	4,4814	1,95424	11,1111	282,74	6361,73	90
91	82 81	753 571	9,5394	4,4979	1,95904	10,9890	285,88	6503,88	91
92	84 64	778 688	9,5917	4,5144	1,96379	10,8696	289,03	6647,61	92
93	86 49	804 357	9,6437	4,5307	1,96848	10,7527	292,17	6792,91	93
94	88 36	830 584	9,6954	4,5468	1,97313	10,6383	295,31	6939,78	94
95	90 25	857 375	9,7468	4,5629	1,97772	10,5263	298,45	7088,22	95
96	92 16	884 736	9,7980	4,5789	1,98227	10,4167	301,59	7238,23	96
97	94 09	912 673	9,8489	4,5947	1,98677	10,3093	304,73	7389,81	97
98	96 04	941 192	9,8995	4,6104	1,99123	10,2041	307,88	7542,96	98
99	98 01	970 299	9,9499	4,6261	1,99564	10,1010	311,02	7697,69	99
100	1 00 00	1 000 000	10,0000	4,6416	2,00000	10,0000	314,16	7853,98	100

n	n^2	n^3	$\sqrt{n}$	$\sqrt[3]{n}$	$\log n$	$\dfrac{1000}{n}$	πn	$\dfrac{\pi n^2}{4}$	n
100	10000	1000000	10,0000	4,6416	2,00000	10,0000	314,16	7853,98	100
101	10201	1030301	10,0499	4,6570	2,00432	9,90099	317,30	8011,85	101
102	10404	1061208	10,0995	4,6723	2,00860	9,80392	320,44	8171,28	102
103	10609	1092727	10,1489	4,6875	2,01284	9,70874	323,58	8332,29	103
104	10816	1124864	10,1980	4,7027	2,01703	9,61538	326,73	8494,87	104
105	11025	1157625	10,2470	4,7177	2,02119	9,52381	329,87	8659,01	105
106	11236	1191016	10,2956	4,7326	2,02531	9,43396	333,01	8824,73	106
107	11449	1225043	10,3441	4,7475	2,02938	9,34579	336,15	8992,02	107
108	11664	1259712	10,3923	4,7622	2,03342	9,25926	339,29	9160,88	108
109	11881	1295029	10,4403	4,7769	2,03743	9,17431	342,43	9331,32	109
110	12100	1331000	10,4881	4,7914	2,04139	9,09091	345,58	9503,32	110
111	12321	1367631	10,5357	4,8059	2,04532	9,00901	348,72	9676,89	111
112	12544	1404928	10,5830	4,8203	2,04922	8,92857	351,86	9852,03	112
113	12769	1442897	10,6301	4,8346	2,05308	8,84956	355,00	10028,7	113
114	12996	1481544	10,6771	4,8488	2,05690	8,77193	358,14	10207,0	114
115	13225	1520875	10,7238	4,8629	2,06070	8,69565	361,28	10386,9	115
116	13456	1560896	10,7703	4,8770	2,06446	8,62069	364,42	10568,3	116
117	13689	1601613	10,8167	4,8910	2,06819	8,54701	367,57	10751,3	117
118	13924	1643032	10,8628	4,9049	2,07188	8,47458	370,71	10935,9	118
119	14161	1685159	10,9087	4,9187	2,07555	8,40336	373,85	11122,0	119
120	14400	1728000	10,9545	4,9324	2,07918	8,33333	376,99	11309,7	120
121	14641	1771561	11,0000	4,9461	2,08279	8,26446	380,13	11499,0	121
122	14884	1815848	11,0454	4,9597	2,08636	8,19672	383,27	11689,9	122
123	15129	1860867	11,0905	4,9732	2,08991	8,13008	386,42	11882,3	123
124	15376	1906624	11,1355	4,9866	2,09342	8,06452	389,56	12076,3	124
125	15625	1953125	11,1803	5,0000	2,09691	8,00000	392,70	12271,8	125
126	15876	2000376	11,2250	5,0133	2,10037	7,93651	395,84	12469,0	126
127	16129	2048383	11,2694	5,0265	2,10380	7,87402	398,98	12667,7	127
128	16384	2097152	11,3137	5,0397	2,10721	7,81250	402,12	12868,0	128
129	16641	2146689	11,3578	5,0528	2,11059	7,75194	405,27	13069,8	129
130	16900	2197000	11,4018	5,0658	2,11394	7,69231	408,41	13273,2	130
131	17161	2248091	11,4455	5,0788	2,11727	7,63359	411,55	13478,2	131
132	17424	2299968	11,4891	5,0916	2,12057	7,57576	414,69	13684,8	132
133	17689	2352637	11,5326	5,1045	2,12385	7,51880	417,83	13892,9	133
134	17956	2406104	11,5758	5,1172	2,12710	7,46269	420,97	14102,6	134
135	18225	2460375	11,6190	5,1299	2,13033	7,40741	424,12	14313,9	135
136	18496	2515456	11,6619	5,1426	2,13354	7,35294	427,26	14526,7	136
137	18769	2571353	11,7047	5,1551	2,13672	7,29927	430,40	14741,1	137
138	19044	2628072	11,7473	5,1676	2,13988	7,24638	433,54	14957,1	138
139	19321	2685619	11,7898	5,1801	2,14301	7,19424	436,68	15174,7	139
140	19600	2744000	11,8322	5,1925	2,14613	7,14286	439,82	15393,8	140
141	19881	2803221	11,8743	5,2048	2,14922	7,09220	442,96	15614,5	141
142	20164	2863288	11,9164	5,2171	2,15229	7,04225	446,11	15836,8	142
143	20449	2924207	11,9583	5,2293	2,15534	6,99301	449,25	16060,6	143
144	20736	2985984	12,0000	5,2415	2,15836	6,94444	452,39	16286,0	144
145	21025	3048625	12,0416	5,2536	2,16137	6,89655	455,53	16513,0	145
146	21316	3112136	12,0830	5,2656	2,16435	6,84932	458,67	16741,5	146
147	21609	3176523	12,1244	5,2776	2,16732	6,80272	461,81	16971,7	147
148	21904	3241792	12,1655	5,2896	2,17026	6,75676	464,96	17203,4	148
149	22201	3307949	12,2066	5,3015	2,17319	6,71141	468,10	17436,6	149
150	22500	3375000	12,2474	5,3133	2,17609	6,66667	471,24	17671,5	150

n	n^2	n^3	$\sqrt{n}$	$\sqrt[3]{n}$	$\log n$	$\dfrac{1000}{n}$	$\pi\,n$	$\dfrac{\pi\,n^2}{4}$	n
150	22500	3375000	12,2474	5,3133	2,17609	6,66667	471,24	17671,5	**150**
151	22801	3442951	12,2882	5,3251	2,17898	6,62252	474,38	17907,9	151
152	23104	3511808	12,3288	5,3368	2,18184	6,57895	477,52	18145,8	152
153	23409	3581577	12,3693	5,3485	2,18469	6,53595	480,66	18385,4	153
154	23716	3652264	12,4097	5,3601	2,18752	6,49351	483,81	18626,5	154
155	24025	3723875	12,4499	5,3717	2,19033	6,45161	486,95	18869,2	155
156	24336	3796416	12,4900	5,3832	2,19312	6,41026	490,09	19113,4	156
157	24649	3869893	12,5300	5,3947	2,19590	6,36943	493,23	19359,3	157
158	24964	3944312	12,5698	5,4061	2,19866	6,32911	496,37	19606,7	158
159	25281	4019679	12,6095	5,4175	2,20140	6,28931	499,51	19855,7	159
160	25600	4096000	12,6491	5,4288	2,20412	6,25000	502,65	20106,2	**160**
161	25921	4173281	12,6886	5,4401	2,20683	6,21118	505,80	20358,3	161
162	26244	4251528	12,7279	5,4514	2,20952	6,17284	508,94	20612,0	162
163	26569	4330747	12,7671	5,4626	2,21219	6,13497	512,08	20867,2	163
164	26896	4410944	12,8062	5,4737	2,21484	6,09756	515,22	21124,1	164
165	27225	4492125	12,8452	5,4848	2,21748	6,06061	518,36	21382,5	165
166	27556	4574296	12,8841	5,4959	2,22011	6,02410	521,50	21642,4	166
167	27889	4657463	12,9228	5,5069	2,22272	5,98802	524,65	21904,0	167
168	28224	4741632	12,9615	5,5178	2,22531	5,95238	527,79	22167,1	168
169	28561	4826809	13,0000	5,5288	2,22789	5,91716	530,93	22431,8	169
170	28900	4913000	13,0384	5,5397	2,23045	5,88235	534,07	22698,0	**170**
171	29241	5000211	13,0767	5,5505	2,23300	5,84795	537,21	22965,8	171
172	29584	5088448	13,1149	5,5613	2,23553	5,81395	540,35	23235,2	172
173	29929	5177717	13,1529	5,5721	2,23805	5,78035	543,50	23506,2	173
174	30276	5268024	13,1909	5,5828	2,24055	5,74713	546,64	23778,7	174
175	30625	5359375	13,2288	5,5934	2,24304	5,71429	549,78	24052,8	175
176	30976	5451776	13,2665	5,6041	2,24551	5,68182	552,92	24328,5	176
177	31329	5545233	13,3041	5,6147	2,24797	5,64972	556,06	24605,7	177
178	31684	5639752	13,3417	5,6252	2,25042	5,61798	559,20	24884,6	178
179	32041	5735339	13,3791	5,6357	2,25285	5,58659	562,35	25164,9	179
180	32400	5832000	13,4164	5,6462	2,25527	5,55556	565,49	25446,9	**180**
181	32761	5929741	13,4536	5,6567	2,25768	5,52486	568,63	25730,4	181
182	33124	6028568	13,4907	5,6671	2,26007	5,49451	571,77	26015,5	182
183	33489	6128487	13,5277	5,6774	2,26245	5,46448	574,91	26302,2	183
184	33856	6229504	13,5647	5,6877	2,26482	5,43478	578,05	26590,4	184
185	34225	6331625	13,6015	5,6980	2,26717	5,40541	581,19	26880,3	185
186	34596	6434856	13,6382	5,7083	2,26951	5,37634	584,34	27171,6	186
187	34969	6539203	13,6748	5,7185	2,27184	5,34759	587,48	27464,6	187
188	35344	6644672	13,7113	5,7287	2,27416	5,31915	590,62	27759,1	188
189	35721	6751269	13,7477	5,7388	2,27646	5,29101	593,76	28055,2	189
190	36100	6859000	13,7840	5,7489	2,27875	5,26316	596,90	28352,9	**190**
191	36481	6967871	13,8203	5,7590	2,28103	5,23560	600,04	28652,1	191
192	36864	7077888	13,8564	5,7690	2,28330	5,20833	603,19	28952,9	192
193	37249	7189057	13,8924	5,7790	2,28556	5,18135	606,33	29255,3	193
194	37636	7301384	13,9284	5,7890	2,28780	5,15464	609,47	29559,2	194
195	38025	7414875	13,9642	5,7989	2,29003	5,12821	612,61	29864,8	195
196	38416	7529536	14,0000	5,8088	2,29226	5,10204	615,75	30171,9	196
197	38809	7645373	14,0357	5,8186	2,29447	5,07614	618,89	30480,5	197
198	39204	7762392	14,0712	5,8285	2,29667	5,05051	622,04	30790,7	198
199	39601	7880599	14,1067	5,8383	2,29885	5,02513	625,18	31102,6	199
200	40000	8000000	14,1421	5,8480	2,30103	5,00000	628,32	31415,9	**200**

n	n^2	n^3	$\sqrt{n}$	$\sqrt[3]{n}$	$\log n$	$\dfrac{1000}{n}$	πn	$\dfrac{\pi n^2}{4}$	n
200	40000	8000000	14,1421	5,8480	2,30103	5,00000	628,32	31415,9	**200**
201	40401	8120601	14,1774	5,8578	2,30320	4,97512	631,46	31730,9	201
202	40804	8242408	14,2127	5,8675	2,30535	4,95050	634,60	32047,4	202
203	41209	8365427	14,2478	5,8771	2,30750	4,92611	637,74	32365,5	203
204	41616	8489664	14,2829	5,8868	2,30963	4,90196	640,88	32685,1	204
205	42025	8615125	14,3178	5,8964	2,31175	4,87805	644,03	33006,4	205
206	42436	8741816	14,3527	5,9059	2,31387	4,85437	647,17	33329,2	206
207	42849	8869743	14,3875	5,9155	2,31597	4,83092	650,31	33653,5	207
208	43264	8998912	14,4222	5,9250	2,31806	4,80769	653,45	33979,5	208
209	43681	9129329	14,4568	5,9345	2,32015	4,78469	656,59	34307,0	209
210	44100	9261000	14,4914	5,9439	2,32222	4,76190	659,73	34636,1	**210**
211	44521	9393931	14,5258	5,9533	2,32428	4,73934	662,88	34966,7	211
212	44944	9528128	14,5602	5,9627	2,32634	4,71698	666,02	35298,9	212
213	45369	9663597	14,5945	5,9721	2,32838	4,69484	669,16	35632,7	213
214	45796	9800344	14,6287	5,9814	2,33041	4,67290	672,30	35968,1	214
215	46225	9938375	14,6629	5,9907	2,33244	4,65116	675,44	36305,0	215
216	46656	10077696	14,6969	6,0000	2,33445	4,62963	678,58	36643,5	216
217	47089	10218313	14,7309	6,0092	2,33646	4,60829	681,73	36983,6	217
218	47524	10360232	14,7648	6,0185	2,33846	4,58716	684,87	37325,3	218
219	47961	10503459	14,7986	6,0277	2,34044	4,56621	688,01	37668,5	219
220	48400	10648000	14,8324	6,0368	2,34242	4,54545	691,15	38013,3	**220**
221	48841	10793861	14,8661	6,0459	2,34439	4,52489	694,29	38359,6	221
222	49284	10941048	14,8997	6,0550	2,34635	4,50450	697,43	38707,6	222
223	49729	11089567	14,9332	6,0641	2,34830	4,48430	700,58	39057,1	223
224	50176	11239424	14,9666	6,0732	2,35025	4,46429	703,72	39408,1	224
225	50625	11390625	15,0000	6,0822	2,35218	4,44444	706,86	39760,8	225
226	51076	11543176	15,0333	6,0912	2,35411	4,42478	710,00	40115,0	226
227	51529	11697083	15,0665	6,1002	2,35603	4,40529	713,14	40470,8	227
228	51984	11852352	15,0997	6,1091	2,35793	4,38596	716,28	40828,1	228
229	52441	12008989	15,1327	6,1180	2,35984	4,36681	719,42	41187,1	229
230	52900	12167000	15,1658	6,1269	2,36173	4,34783	722,57	41547,6	**230**
231	53361	12326391	15,1987	6,1358	2,36361	4,32900	725,71	41909,6	231
232	53824	12487168	15,2315	6,1446	2,36549	4,31034	728,85	42273,3	232
233	54289	12649337	15,2643	6,1534	2,36736	4,29185	731,99	42638,5	233
234	54756	12812904	15,2971	6,1622	2,36922	4,27350	735,13	43005,3	234
235	55225	12977875	15,3297	6,1710	2,37107	4,25532	738,27	43373,6	235
236	55696	13144256	15,3623	6,1797	2,37291	4,23729	741,42	43743,5	236
237	56169	13312053	15,3948	6,1885	2,37475	4,21941	744,56	44115,0	237
238	56644	13481272	15,4272	6,1972	2,37658	4,20168	747,70	44488,1	238
239	57121	13651919	15,4596	6,2058	2,37840	4,18410	750,84	44862,7	239
240	57600	13824000	15,4919	6,2145	2,38021	4,16667	753,98	45238,9	**240**
241	58081	13997521	15,5242	6,2231	2,38202	4,14938	757,12	45616,7	241
242	58564	14172488	15,5563	6,2317	2,38382	4,13223	760,27	45996,1	242
243	59049	14348907	15,5885	6,2403	2,38561	4,11523	763,41	46377,0	243
244	59536	14526784	15,6205	6,2488	2,38739	4,09836	766,55	46759,5	244
245	60025	14706125	15,6525	6,2573	2,38917	4,08163	769,69	47143,5	245
246	60516	14886936	15,6844	6,2658	2,39094	4,06504	772,83	47529,2	246
247	61009	15069223	15,7162	6,2743	2,39270	4,04858	775,97	47916,4	247
248	61504	15252992	15,7480	6,2828	2,39445	4,03226	779,11	48305,1	248
249	62001	15438249	15,7797	6,2912	2,39620	4,01606	782,26	48695,5	249
250	62500	15625000	15,8114	6,2996	2,39794	4,00000	785,40	49087,4	**250**

n	n^2	n^3	$\sqrt{n}$	$\sqrt[3]{n}$	$\log n$	$\dfrac{1000}{n}$	$\pi\,n$	$\dfrac{\pi\,n^2}{4}$	n
250	62500	15625000	15,8114	6,2996	2,39794	4,00000	785,40	49087,4	250
251	63001	15813251	15,8430	6,3080	2,39967	3,98406	788,54	49480,9	251
252	63504	16003008	15,8745	6,3164	2,40140	3,96825	791,68	49875,9	252
253	64009	16194277	15,9060	6,3247	2,40312	3,95257	794,82	50272,6	253
254	64516	16387064	15,9374	6,3330	2,40483	3,93701	797,96	50670,7	254
255	65025	16581375	15,9687	6,3413	2,40654	3,92157	801,11	51070,5	255
256	65536	16777216	16,0000	6,3496	2,40824	3,90625	804,25	51471,9	256
257	66049	16974593	16,0312	6,3579	2,40993	3,89105	807,39	51874,8	257
258	66564	17173512	16,0624	6,3661	2,41162	3,87597	810,53	52279,2	258
259	67081	17373979	16,0935	6,3743	2,41330	3,86100	813,67	52685,3	259
260	67600	17576000	16,1245	6,3825	2,41497	3,84615	816,81	53092,9	260
261	68121	17779581	16,1555	6,3907	2,41664	3,83142	819,96	53502,1	261
262	68644	17984728	16,1864	6,3988	2,41830	3,81679	823,10	53912,9	262
263	69169	18191447	16,2173	6,4070	2,41996	3,80228	826,24	54325,2	263
264	69696	18399744	16,2481	6,4151	2,42160	3,78788	829,38	54739,1	264
265	70225	18609625	16,2788	6,4232	2,42325	3,77358	832,52	55154,6	265
266	70756	18821096	16,3095	6,4312	2,42488	3,75940	835,66	55571,6	266
267	71289	19034163	16,3401	6,4393	2,42651	3,74532	838,81	55990,2	267
268	71824	19248832	16,3707	6,4473	2,42813	3,73134	841,95	56410,4	268
269	72361	19465109	16,4012	6,4553	2,42975	3,71747	845,09	56832,2	269
270	72900	19683000	16,4317	6,4633	2,43136	3,70370	848,23	57255,5	270
271	73441	19902511	16,4621	6,4713	2,43297	3,69004	851,37	57680,4	271
272	73984	20123648	16,4924	6,4792	2,43457	3,67647	854,51	58106,9	272
273	74529	20346417	16,5227	6,4872	2,43616	3,66300	857,65	58534,9	273
274	75076	20570824	16,5529	6,4951	2,43775	3,64964	860,80	58964,6	274
275	75625	20796875	16,5831	6,5030	2,43933	3,63636	863,94	59395,7	275
276	76176	21024576	16,6132	6,5108	2,44091	3,62319	867,08	59828,5	276
277	76729	21253933	16,6433	6,5187	2,44248	3,61011	870,22	60262,8	277
278	77284	21484952	16,6733	6,5265	2,44404	3,59712	873,36	60698,7	278
279	77841	21717639	16,7033	6,5343	2,44560	3,58423	876,50	61136,2	279
280	78400	21952000	16,7332	6,5421	2,44716	3,57143	879,65	61575,2	280
281	78961	22188041	16,7631	6,5499	2,44871	3,55872	882,79	62015,8	281
282	79524	22425768	16,7929	6,5577	2,45025	3,54610	885,93	62458,0	282
283	80089	22665187	16,8226	6,5654	2,45179	3,53357	889,07	62901,8	283
284	80656	22906304	16,8523	6,5731	2,45332	3,52113	892,21	63347,1	284
285	81225	23149125	16,8819	6,5808	2,45484	3,50877	895,35	63794,0	285
286	81796	23393656	16,9115	6,5885	2,45637	3,49650	898,50	64242,4	286
287	82369	23639903	16,9411	6,5962	2,45788	3,48432	901,64	64692,5	287
288	82944	23887872	16,9706	6,6039	2,45939	3,47222	904,78	65144,1	288
289	83521	24137569	17,0000	6,6115	2,46090	3,46021	907,92	65597,2	289
290	84100	24389000	17,0294	6,6191	2,46240	3,44828	911,06	66052,0	290
291	84681	24642171	17,0587	6,6267	2,46389	3,43643	914,20	66508,3	291
292	85264	24897088	17,0880	6,6343	2,46538	3,42466	917,35	66966,2	292
293	85849	25153757	17,1172	6,6419	2,46687	3,41297	920,49	67425,6	293
294	86436	25412184	17,1464	6,6494	2,46835	3,40136	923,63	67886,7	294
295	87025	25672375	17,1756	6,6569	2,46982	3,38983	926,77	68349,3	295
296	87616	25934336	17,2047	6,6644	2,47129	3,37838	929,91	68813,4	296
297	88209	26198073	17,2337	6,6719	2,47276	3,36700	933,05	69279,2	297
298	88804	26463592	17,2627	6,6794	2,47422	3,35570	936,19	69746,5	298
299	89401	26730899	17,2916	6,6869	2,47567	3,34448	939,34	70215,4	299
300	90000	27000000	17,3205	6,6943	2,47712	3,33333	942,48	70685,8	300

n	n^2	n^3	$\sqrt{n}$	$\sqrt[3]{n}$	$\log n$	$\dfrac{1000}{n}$	πn	$\dfrac{\pi n^2}{4}$	n
300	90000	27000000	17,3205	6,6943	2,47712	3,33333	942,48	70685,8	**300**
301	90601	27270901	17,3494	6,7018	2,47857	3,32226	945,62	71157,9	301
302	91204	27543608	17,3781	6,7092	2,48001	3,31126	948,76	71631,5	302
303	91809	27818127	17,4069	6,7166	2,48144	3,30033	951,90	72106,6	303
304	92416	28094464	17,4356	6,7240	2,48287	3,28947	955,04	72583,4	304
305	93025	28372625	17,4642	6,7313	2,48430	3,27869	958,19	73061,7	305
306	93636	28652616	17,4929	6,7387	2,48572	3,26797	961,33	73541,5	306
307	94249	28934443	17,5214	6,7460	2,48714	3,25733	964,47	74023,0	307
308	94864	29218112	17,5499	6,7533	2,48855	3,24675	967,61	74506,0	308
309	95481	29503629	17,5784	6,7606	2,48996	3,23625	970,75	74990,6	309
310	96100	29791000	17,6068	6,7679	2,49136	3,22581	973,89	75476,8	**310**
311	96721	30080231	17,6352	6,7752	2,49276	3,21543	977,04	75964,5	311
312	97344	30371328	17,6635	6,7824	2,49415	3,20513	980,18	76453,8	312
313	97969	30664297	17,6918	6,7897	2,49554	3,19489	983,32	76944,7	313
314	98596	30959144	17,7200	6,7969	2,49693	3,18471	986,46	77437,1	314
315	99225	31255875	17,7482	6,8041	2,49831	3,17460	989,60	77931,1	315
316	99856	31554496	17,7764	6,8113	2,49969	3,16456	992,74	78426,7	316
317	100489	31855013	17,8045	6,8185	2,50106	3,15457	995,88	78923,9	317
318	101124	32157432	17,8326	6,8256	2,50243	3,14465	999,03	79422,6	318
319	101761	32461759	17,8606	6,8328	2,50379	3,13480	1002,2	79922,9	319
320	102400	32768000	17,8885	6,8399	2,50515	3,12500	1005,3	80424,8	**320**
321	103041	33076161	17,9165	6,8470	2,50651	3,11526	1008,5	80928,2	321
322	103684	33386248	17,9444	6,8541	2,50786	3,10559	1011,6	81433,2	322
323	104329	33698267	17,9722	6,8612	2,50920	3,09598	1014,7	81939,8	323
324	104976	34012224	18,0000	6,8683	2,51055	3,08642	1017,9	82448,0	324
325	105625	34328125	18,0278	6,8753	2,51188	3,07692	1021,0	82957,7	325
326	106276	34645976	18,0555	6,8824	2,51322	3,06748	1024,2	83469,0	326
327	106929	34965783	18,0831	6,8894	2,51455	3,05810	1027,3	83981,8	327
328	107584	35287552	18,1108	6,8964	2,51587	3,04878	1030,4	84496,3	328
329	108241	35611289	18,1384	6,9034	2,51720	3,03951	1033,6	85012,3	329
330	108900	35937000	18,1659	6,9104	2,51851	3,03030	1036,7	85529,9	**330**
331	109561	36264691	18,1934	6,9174	2,51983	3,02115	1039,9	86049,0	331
332	110224	36594368	18,2209	6,9244	2,52114	3,01205	1043,0	86569,7	332
333	110889	36926037	18,2483	6,9313	2,52244	3,00300	1046,2	87092,0	333
334	111556	37259704	18,2757	6,9382	2,52375	2,99401	1049,3	87615,9	334
335	112225	37595375	18,3030	6,9451	2,52504	2,98507	1052,4	88141,3	335
336	112896	37933056	18,3303	6,9521	2,52634	2,97619	1055,6	88668,3	336
337	113569	38272753	18,3576	6,9589	2,52763	2,96736	1058,7	89196,9	337
338	114244	38614472	18,3848	6,9658	2,52892	2,95858	1061,9	89727,0	338
339	114921	38958219	18,4120	6,9727	2,53020	2,94985	1065,0	90258,7	339
340	115600	39304000	18,4391	6,9795	2,53148	2,94118	1068,1	90792,0	**340**
341	116281	39651821	18,4662	6,9864	2,53275	2,93255	1071,3	91326,9	341
342	116964	40001688	18,4932	6,9932	2,53403	2,92398	1074,4	91863,3	342
343	117649	40353607	18,5203	7,0000	2,53529	2,91545	1077,6	92401,3	343
344	118336	40707584	18,5472	7,0068	2,53656	2,90698	1080,7	92940,9	344
345	119025	41063625	18,5742	7,0136	2,53782	2,89855	1083,8	93482,0	345
346	119716	41421736	18,6011	7,0203	2,53908	2,89017	1087,0	94024,7	346
347	120409	41781923	18,6279	7,0271	2,54033	2,88184	1090,1	94569,0	347
348	121104	42144192	18,6548	7,0338	2,54158	2,87356	1093,3	95114,9	348
349	121801	42508549	18,6815	7,0406	2,54283	2,86533	1096,4	95662,3	349
350	122500	42875000	18,7083	7,0473	2,54407	2,85714	1099,6	96211,3	**350**

n	n^2	n^3	$\sqrt{n}$	$\sqrt[3]{n}$	$\log n$	$\dfrac{1000}{n}$	πn	$\dfrac{\pi n^2}{4}$	n
350	122500	42875000	18,7083	7,0473	2,54407	2,85714	1099,6	96211,3	**350**
351	123201	43243551	18,7350	7,0540	2,54531	2,84900	1102,7	96761,8	351
352	123904	43614208	18,7617	7,0607	2,54654	2,84091	1105,8	97314,0	352
353	124609	43986977	18,7883	7,0674	2,54777	2,83286	1109,0	97867,7	353
354	125316	44361864	18,8149	7,0740	2,54900	2,82486	1112,1	98423,0	354
355	126025	44738875	18,8414	7,0807	2,55023	2,81690	1115,3	98979,8	355
356	126736	45118016	18,8680	7,0873	2,55145	2,80899	1118,4	99538,2	356
357	127449	45499293	18,8944	7,0940	2,55267	2,80112	1121,5	100098	357
358	128164	45882712	18,9209	7,1006	2,55388	2,79330	1124,7	100660	358
359	128881	46268279	18,9473	7,1072	2,55509	2,78552	1127,8	101223	359
360	129600	46656000	18,9737	7,1138	2,55630	2,77778	1131,0	101788	**360**
361	130321	47045881	19,0000	7,1204	2,55751	2,77008	1134,1	102354	361
362	131044	47437928	19,0263	7,1269	2,55871	2,76243	1137,3	102922	362
363	131769	47832147	19,0526	7,1335	2,55991	2,75482	1140,4	103491	363
364	132496	48228544	19,0788	7,1400	2,56110	2,74725	1143,5	104062	364
365	133225	48627125	19,1050	7,1466	2,56229	2,73973	1146,7	104635	365
366	133956	49027896	19,1311	7,1531	2,56348	2,73224	1149,8	105209	366
367	134689	49430863	19,1572	7,1596	2,56467	2,72480	1153,0	105785	367
368	135424	49836032	19,1833	7,1661	2,56585	2,71739	1156,1	106362	368
369	136161	50243409	19,2094	7,1726	2,56703	2,71003	1159,2	106941	369
370	136900	50653000	19,2354	7,1791	2,56820	2,70270	1162,4	107521	**370**
371	137641	51064811	19,2614	7,1855	2,56937	2,69542	1165,5	108103	371
372	138384	51478848	19,2873	7,1920	2,57054	2,68817	1168,7	108687	372
373	139129	51895117	19,3132	7,1984	2,57171	2,68097	1171,8	109272	373
374	139876	52313624	19,3391	7,2048	2,57287	2,67380	1175,0	109858	374
375	140625	52734375	19,3649	7,2112	2,57403	2,66667	1178,1	110447	375
376	141376	53157376	19,3907	7,2177	2,57519	2,65957	1181,2	111036	376
377	142129	53582633	19,4165	7,2240	2,57634	2,65252	1184,4	111628	377
378	142884	54010152	19,4422	7,2304	2,57749	2,64550	1187,5	112221	378
379	143641	54439939	19,4679	7,2368	2,57864	2,63852	1190,7	112815	379
380	144400	54872000	19,4936	7,2432	2,57978	2,63158	1193,8	113411	**380**
381	145161	55306341	19,5192	7,2495	2,58092	2,62467	1196,9	114009	381
382	145924	55742968	19,5448	7,2558	2,58206	2,61780	1200,1	114608	382
383	146689	56181887	19,5704	7,2622	2,58320	2,61097	1203,2	115209	383
384	147456	56623104	19,5959	7,2685	2,58433	2,60417	1206,4	115812	384
385	148225	57066625	19,6214	7,2748	2,58546	2,59740	1209,5	116416	385
386	148996	57512456	19,6469	7,2811	2,58659	2,59067	1212,7	117021	386
387	149769	57960603	19,6723	7,2874	2,58771	2,58398	1215,8	117628	387
388	150544	58411072	19,6977	7,2936	2,58883	2,57732	1218,9	118237	388
389	151321	58863869	19,7231	7,2999	2,58995	2,57069	1222,1	118847	389
390	152100	59319000	19,7484	7,3061	2,59106	2,56410	1225,2	119459	**390**
391	152881	59776471	19,7737	7,3124	2,59218	2,55754	1228,4	120072	391
392	153664	60236288	19,7990	7,3186	2,59329	2,55102	1231,5	120687	392
393	154449	60698457	19,8242	7,3248	2,59439	2,54453	1234,6	121304	393
394	155236	61162984	19,8494	7,3310	2,59550	2,53807	1237,8	121922	394
395	156025	61629875	19,8746	7,3372	2,59660	2,53165	1240,9	122542	395
396	156816	62099136	19,8997	7,3434	2,59770	2,52525	1244,1	123163	396
397	157609	62570773	19,9249	7,3496	2,59879	2,51889	1247,2	123786	397
398	158404	63044792	19,9499	7,3558	2,59988	2,51256	1250,4	124410	398
399	159201	63521199	19,9750	7,3619	2,60097	2,50627	1253,5	125036	399
400	160000	64000000	20,0000	7,3681	2,60206	2,50000	1256,6	125664	**400**

n	n^2	n^3	$\sqrt{n}$	$\sqrt[3]{n}$	$\log n$	$\dfrac{1000}{n}$	$\pi\,n$	$\dfrac{\pi\,n^2}{4}$	n
400	160000	64000000	20,0000	7,3681	2,60206	2,50000	1256,6	125664	**400**
401	160801	64481201	20,0250	7,3742	2,60314	2,49377	1259,8	126293	401
402	161604	64964808	20,0499	7,3803	2,60423	2,48756	1262,9	126923	402
403	162409	65450827	20,0749	7,3864	2,60531	2,48139	1266,1	127556	403
404	163216	65939264	20,0998	7,3925	2,60638	2,47525	1269,2	128190	404
405	164025	66430125	20,1246	7,3986	2,60746	2,46914	1272,3	128825	405
406	164836	66923416	20,1494	7,4047	2,60853	2,46305	1275,5	129462	406
407	165649	67419143	20,1742	7,4108	2,60959	2,45700	1278,6	130100	407
408	166464	67917312	20,1990	7,4169	2,61066	2,45098	1281,8	130741	408
409	167281	68417929	20,2237	7,4229	2,61172	2,44499	1284,9	131382	409
410	168100	68921000	20,2485	7,4290	2,61278	2,43902	1288,1	132025	**410**
411	168921	69426531	20,2731	7,4350	2,61384	2,43309	1291,2	132670	411
412	169744	69934528	20,2978	7,4410	2,61490	2,42718	1294,3	133317	412
413	170569	70444997	20,3224	7,4470	2,61595	2,42131	1297,5	133965	413
414	171396	70957944	20,3470	7,4530	2,61700	2,41546	1300,6	134614	414
415	172225	71473375	20,3715	7,4590	2,61805	2,40964	1303,8	135265	415
416	173056	71991296	20,3961	7,4650	2,61909	2,40385	1306,9	135918	416
417	173889	72511713	20,4206	7,4710	2,62014	2,39808	1310,0	136572	417
418	174724	73034632	20,4450	7,4770	2,62118	2,39234	1313,2	137228	418
419	175561	73560059	20,4695	7,4829	2,62221	2,38663	1316,3	137885	419
420	176400	74088000	20,4939	7,4889	2,62325	2,38095	1319,5	138544	**420**
421	177241	74618461	20,5183	7,4948	2,62428	2,37530	1322,6	139205	421
422	178084	75151448	20,5426	7,5007	2,62531	2,36967	1325,8	139867	422
423	178929	75686967	20,5670	7,5067	2,62634	2,36407	1328,9	140531	423
424	179776	76225024	20,5913	7,5126	2,62737	2,35849	1332,0	141196	424
425	180625	76765625	20,6155	7,5185	2,62839	2,35294	1335,2	141863	425
426	181476	77308776	20,6398	7,5244	2,62941	2,34742	1338,3	142531	426
427	182329	77854483	20,6640	7,5302	2,63043	2,34192	1341,5	143201	427
428	183184	78402752	20,6882	7,5361	2,63144	2,33645	1344,6	143872	428
429	184041	78953589	20,7123	7,5420	2,63246	2,33100	1347,7	144545	429
430	184900	79507000	20,7364	7,5478	2,63347	2,32558	1350,9	145220	**430**
431	185761	80062991	20,7605	7,5537	2,63448	2,32019	1354,0	145896	431
432	186624	80621568	20,7846	7,5595	2,63548	2,31481	1357,2	146574	432
433	187489	81182737	20,8087	7,5654	2,63649	2,30947	1360,3	147254	433
434	188356	81746504	20,8327	7,5712	2,63749	2,30415	1363,5	147934	434
435	189225	82312875	20,8567	7,5770	2,63849	2,29885	1366,6	148617	435
436	190096	82881856	20,8806	7,5828	2,63949	2,29358	1369,7	149301	436
437	190969	83453453	20,9045	7,5886	2,64048	2,28833	1372,9	149987	437
438	191844	84027672	20,9284	7,5944	2,64147	2,28311	1376,0	150674	438
439	192721	84604519	20,9523	7,6001	2,64246	2,27790	1379,2	151363	439
440	193600	85184000	20,9762	7,6059	2,64345	2,27273	1382,3	152053	**440**
441	194481	85766121	21,0000	7,6117	2,64444	2,26757	1385,4	152745	441
442	195364	86350888	21,0238	7,6174	2,64542	2,26244	1388,6	153439	442
443	196249	86938307	21,0476	7,6232	2,64640	2,25734	1391,7	154134	443
444	197136	87528384	21,0713	7,6289	2,64738	2,25225	1394,9	154830	444
445	198025	88121125	21,0950	7,6346	2,64836	2,24719	1398,0	155528	445
446	198916	88716536	21,1187	7,6403	2,64933	2,24215	1401,2	156228	446
447	199809	89314623	21,1424	7,6460	2,65031	2,23714	1404,3	156930	447
448	200704	89915392	21,1660	7,6517	2,65128	2,23214	1407,4	157633	448
449	201601	90518849	21,1896	7,6574	2,65225	2,22717	1410,6	158337	449
450	202500	91125000	21,2132	7,6631	2,65321	2,22222	1413,7	159043	**450**

n	n^2	n^3	$\sqrt{n}$	$\sqrt[3]{n}$	$\log n$	$\dfrac{1000}{n}$	πn	$\dfrac{\pi n^2}{4}$	n
450	202500	91125000	21,2132	7,6631	2,65321	2,22222	1413,7	159043	**450**
451	203401	91733851	21,2368	7,6688	2,65418	2,21729	1416,9	159751	451
452	204304	92345408	21,2603	7,6744	2,65514	2,21239	1420,0	160460	452
453	205209	92959677	21,2838	7,6801	2,65610	2,20751	1423,1	161171	453
454	206116	93576664	21,3073	7,6857	2,65706	2,20264	1426,3	161883	454
455	207025	94196375	21,3307	7,6914	2,65801	2,19780	1429,4	162597	455
456	207936	94818816	21,3542	7,6970	2,65896	2,19298	1432,6	163313	456
457	208849	95443993	21,3776	7,7026	2,65992	2,18818	1435,7	164030	457
458	209764	96071912	21,4009	7,7082	2,66087	2,18341	1438,8	164748	458
459	210681	96702579	21,4243	7,7138	2,66181	2,17865	1442,0	165468	459
460	211600	97336000	21,4476	7,7194	2,66276	2,17391	1445,1	166190	**460**
461	212521	97972181	21,4709	7,7250	2,66370	2,16920	1448,3	166914	461
462	213444	98611128	21,4942	7,7306	2,66464	2,16450	1451,4	167639	462
463	214369	99252847	21,5174	7,7362	2,66558	2,15983	1454,6	168365	463
464	215296	99897344	21,5407	7,7418	2,66652	2,15517	1457,7	169093	464
465	216225	100544625	21,5639	7,7473	2,66745	2,15054	1460,8	169823	465
466	217156	101194696	21,5870	7,7529	2,66839	2,14592	1464,0	170554	466
467	218089	101847563	21,6102	7,7584	2,66932	2,14133	1467,1	171287	467
468	219024	102503232	21,6333	7,7639	2,67025	2,13675	1470,3	172021	468
469	219961	103161709	21,6564	7,7695	2,67117	2,13220	1473,4	172757	469
470	220900	103823000	21,6795	7,7750	2,67210	2,12766	1476,5	173494	**470**
471	221841	104487111	21,7025	7,7805	2,67302	2,12314	1479,7	174234	471
472	222784	105154048	21,7256	7,7860	2,67394	2,11864	1482,8	174974	472
473	223729	105823817	21,7486	7,7915	2,67486	2,11416	1486,0	175716	473
474	224676	106496424	21,7715	7,7970	2,67578	2,10970	1489,1	176460	474
475	225625	107171875	21,7945	7,8025	2,67669	2,10526	1492,3	177205	475
476	226576	107850176	21,8174	7,8079	2,67761	2,10084	1495,4	177952	476
477	227529	108531333	21,8403	7,8134	2,67852	2,09644	1498,5	178701	477
478	228484	109215352	21,8632	7,8188	2,67943	2,09205	1501,7	179451	478
479	229441	109902239	21,8861	7,8243	2,68034	2,08768	1504,8	180203	479
480	230400	110592000	21,9089	7,8297	2,68124	2,08333	1508,0	180956	**480**
481	231361	111284641	21,9317	7,8352	2,68215	2,07900	1511,1	181711	481
482	232324	111980168	21,9545	7,8406	2,68305	2,07469	1514,2	182467	482
483	233289	112678587	21,9773	7,8460	2,68395	2,07039	1517,4	183225	483
484	234256	113379904	22,0000	7,8514	2,68485	2,06612	1520,5	183984	484
485	235225	114084125	22,0227	7,8568	2,68574	2,06186	1523,7	184745	485
486	236196	114791256	22,0454	7,8622	2,68664	2,05761	1526,8	185508	486
487	237169	115501303	22,0681	7,8676	2,68753	2,05339	1530,0	186272	487
488	238144	116214272	22,0907	7,8730	2,68842	2,04918	1533,1	187038	488
489	239121	116930169	22,1133	7,8784	2,68931	2,04499	1536,2	187805	489
490	240100	117649000	22,1359	7,8837	2,69020	2,04082	1539,4	188574	**490**
491	241081	118370771	22,1585	7,8891	2,69108	2,03666	1542,5	189345	491
492	242064	119095488	22,1811	7,8944	2,69197	2,03252	1545,7	190117	492
493	243049	119823157	22,2036	7,8998	2,69285	2,02840	1548,8	190890	493
494	244036	120553784	22,2261	7,9051	2,69373	2,02429	1551,9	191665	494
495	245025	121287375	22,2486	7,9105	2,69461	2,02020	1555,1	192442	495
496	246016	122023936	22,2711	7,9158	2,69548	2,01613	1558,2	193221	496
497	247009	122763473	22,2935	7,9211	2,69636	2,01207	1561,4	194000	497
498	248004	123505992	22,3159	7,9264	2,69723	2,00803	1564,5	194782	498
499	249001	124251499	22,3383	7,9317	2,69810	2,00401	1567,7	195565	499
500	250000	125000000	22,3607	7,9370	2,69897	2,00000	1570,8	196350	**500**

n	n^2	n^3	$\sqrt{n}$	$\sqrt[3]{n}$	$\log n$	$\dfrac{1000}{n}$	πn	$\dfrac{\pi n^2}{4}$	n
500	250000	125000000	22,3607	7,9370	2,69897	2,00000	1570,8	196350	**500**
501	251001	125751501	22,3830	7,9423	2,69984	1,99601	1573,9	197136	501
502	252004	126506008	22,4054	7,9476	2,70070	1,99203	1577,1	197923	502
503	253009	127263527	22,4277	7,9528	2,70157	1,98807	1580,2	198713	503
504	254016	128024064	22,4499	7,9581	2,70243	1,98413	1583,4	199504	504
505	255025	128787625	22,4722	7,9634	2,70329	1,98020	1586,5	200296	505
506	256036	129554216	22,4944	7,9686	2,70415	1,97628	1589,6	201090	506
507	257049	130323843	22,5167	7,9739	2,70501	1,97239	1592,8	201886	507
508	258064	131096512	22,5389	7,9791	2,70586	1,96850	1595,9	202683	508
509	259081	131872229	22,5610	7,9843	2,70672	1,96464	1599,1	203482	509
510	260100	132651000	22,5832	7,9896	2,70757	1,96078	1602,2	204282	**510**
511	261121	133432831	22,6053	7,9948	2,70842	1,95695	1605,4	205084	511
512	262144	134217728	22,6274	8,0000	2,70927	1,95312	1608,5	205887	512
513	263169	135005697	22,6495	8,0052	2,71012	1,94932	1611,6	206692	513
514	264196	135796744	22,6716	8,0104	2,71096	1,94553	1614,8	207499	514
515	265225	136590875	22,6936	8,0156	2,71181	1,94175	1617,9	208307	515
516	266256	137388096	22,7156	8,0208	2,71265	1,93798	1621,1	209117	516
517	267289	138188413	22,7376	8,0260	2,71349	1,93424	1624,2	209928	517
518	268324	138991832	22,7596	8,0311	2,71433	1,93050	1627,3	210741	518
519	269361	139798359	22,7816	8,0363	2,71517	1,92678	1630,5	211556	519
520	270400	140608000	22,8035	8,0415	2,71600	1,92308	1633,6	212372	**520**
521	271441	141420761	22,8254	8,0466	2,71684	1,91939	1636,8	213189	521
522	272484	142236648	22,8473	8,0517	2,71767	1,91571	1639,9	214008	522
523	273529	143055667	22,8692	8,0569	2,71850	1,91205	1643,1	214829	523
524	274576	143877824	22,8910	8,0620	2,71933	1,90840	1646,2	215651	524
525	275625	144703125	22,9129	8,0671	2,72016	1,90476	1649,3	216475	525
526	276676	145531576	22,9347	8,0723	2,72099	1,90114	1652,5	217301	526
527	277729	146363183	22,9565	8,0774	2,72181	1,89753	1655,6	218128	527
528	278784	147197952	22,9783	8,0825	2,72263	1,89394	1658,8	218956	528
529	279841	148035889	23,0000	8,0876	2,72346	1,89036	1661,9	219787	529
530	280900	148877000	23,0217	8,0927	2,72428	1,88679	1665,0	220618	**530**
531	281961	149721291	23,0434	8,0978	2,72509	1,88324	1668,2	221452	531
532	283024	150568768	23,0651	8,1028	2,72591	1,87970	1671,3	222287	532
533	284089	151419437	23,0868	8,1079	2,72673	1,87617	1674,5	223123	533
534	285156	152273304	23,1084	8,1130	2,72754	1,87266	1677,6	223961	534
535	286225	153130375	23,1301	8,1180	2,72835	1,86916	1680,8	224801	535
536	287296	153990656	23,1517	8,1231	2,72916	1,86567	1683,9	225642	536
537	288369	154854153	23,1733	8,1281	2,72997	1,86220	1687,0	226484	537
538	289444	155720872	23,1948	8,1332	2,73078	1,85874	1690,2	227329	538
539	290521	156590819	23,2164	8,1382	2,73159	1,85529	1693,3	228175	539
540	291600	157464000	23,2379	8,1433	2,73239	1,85185	1696,5	229022	**540**
541	292681	158340421	23,2594	8,1483	2,73320	1,84843	1699,6	229871	541
542	293764	159220088	23,2809	8,1533	2,73400	1,84502	1702,7	230722	542
543	294849	160103007	23,3024	8,1583	2,73480	1,84162	1705,9	231574	543
544	295936	160989184	23,3238	8,1633	2,73560	1,83824	1709,0	232428	544
545	297025	161878625	23,3452	8,1683	2,73640	1,83486	1712,2	233283	545
546	298116	162771336	23,3666	8,1733	2,73719	1,83150	1715,3	234140	546
547	299209	163667323	23,3880	8,1783	2,73799	1,82815	1718,5	234998	547
548	300304	164566592	23,4094	8,1833	2,73878	1,82482	1721,6	235858	548
549	301401	165469149	23,4307	8,1882	2,73957	1,82149	1724,7	236720	549
550	302500	166375000	23,4521	8,1932	2,74036	1,81818	1727,9	237583	**550**

n	n^2	n^3	$\sqrt{n}$	$\sqrt[3]{n}$	$\log n$	$\dfrac{1000}{n}$	πn	$\dfrac{\pi n^2}{4}$	n
550	302500	166375000	23,4521	8,1932	2,74036	1,81818	1727,9	237583	**550**
551	303601	167284151	23,4734	8,1982	2,74115	1,81488	1731,0	238448	551
552	304704	168196608	23,4947	8,2031	2,74194	1,81159	1734,2	239314	552
553	305809	169112377	23,5160	8,2081	2,74273	1,80832	1737,3	240182	553
554	306916	170031464	23,5372	8,2130	2,74351	1,80505	1740,4	241051	554
555	308025	170953875	23,5584	8,2180	2,74429	1,80180	1743,6	241922	555
556	309136	171879616	23,5797	8,2229	2,74507	1,79856	1746,7	242795	556
557	310249	172808693	23,6008	8,2278	2,74586	1,79533	1749,9	243669	557
558	311364	173741112	23,6220	8,2327	2,74663	1,79211	1753,0	244545	558
559	312481	174676879	23,6432	8,2377	2,74741	1,78891	1756,2	245422	559
560	313600	175616000	23,6643	8,2426	2,74819	1,78571	1759,3	246301	**560**
561	314721	176558481	23,6854	8,2475	2,74896	1,78253	1762,4	247181	561
562	315844	177504328	23,7065	8,2524	2,74974	1,77936	1765,6	248063	562
563	316969	178453547	23,7276	8,2573	2,75051	1,77620	1768,7	248947	563
564	318096	179406144	23,7487	8,2621	2,75128	1,77305	1771,9	249832	564
565	319225	180362125	23,7697	8,2670	2,75205	1,76991	1775,0	250719	565
566	320356	181321496	23,7908	8,2719	2,75282	1,76678	1778,1	251607	566
567	321489	182284263	23,8118	8,2768	2,75358	1,76367	1781,3	252497	567
568	322624	183250432	23,8328	8,2816	2,75435	1,76056	1784,4	253388	568
569	323761	184220009	23,8537	8,2865	2,75511	1,75747	1787,6	254281	569
570	324900	185193000	23,8747	8,2913	2,75587	1,75439	1790,7	255176	**570**
571	326041	186169411	23,8956	8,2962	2,75664	1,75131	1793,8	256072	571
572	327184	187149248	23,9165	8,3010	2,75740	1,74825	1797,0	256970	572
573	328329	188132517	23,9374	8,3059	2,75815	1,74520	1800,1	257869	573
574	329476	189119224	23,9583	8,3107	2,75891	1,74216	1803,3	258770	574
575	330625	190109375	23,9792	8,3155	2,75967	1,73913	1806,4	259672	575
576	331776	191102976	24,0000	8,3203	2,76042	1,73611	1809,6	260576	576
577	332929	192100033	24,0208	8,3251	2,76118	1,73310	1812,7	261482	577
578	334084	193100552	24,0416	8,3300	2,76193	1,73010	1815,8	262389	578
579	335241	194104539	24,0624	8,3348	2,76268	1,72712	1819,0	263298	579
580	336400	195112000	24,0832	8,3396	2,76343	1,72414	1822,1	264208	**580**
581	337561	196122941	24,1039	8,3443	2,76418	1,72117	1825,3	265120	581
582	338724	197137368	24,1247	8,3491	2,76492	1,71821	1828,4	266033	582
583	339889	198155287	24,1454	8,3539	2,76567	1,71527	1831,6	266948	583
584	341056	199176704	24,1661	8,3587	2,76641	1,71233	1834,7	267865	584
585	342225	200201625	24,1868	8,3634	2,76716	1,70940	1837,8	268783	585
586	343396	201230056	24,2074	8,3682	2,76790	1,70648	1841,0	269703	586
587	344569	202262003	24,2281	8,3730	2,76864	1,70358	1844,1	270624	587
588	345744	203297472	24,2487	8,3777	2,76938	1,70068	1847,3	271547	588
589	346921	204336469	24,2693	8,3825	2,77012	1,69779	1850,4	272471	589
590	348100	205379000	24,2899	8,3872	2,77085	1,69492	1853,5	273397	**590**
591	349281	206425071	24,3105	8,3919	2,77159	1,69205	1856,7	274325	591
592	350464	207474688	24,3311	8,3967	2,77232	1,68919	1859,8	275254	592
593	351649	208527857	24,3516	8,4014	2,77305	1,68634	1863,0	276184	593
594	352836	209584584	24,3721	8,4061	2,77379	1,68350	1866,1	277117	594
595	354025	210644875	24,3926	8,4108	2,77452	1,68067	1869,2	278051	595
596	355216	211708736	24,4131	8,4155	2,77525	1,67785	1872,4	278986	596
597	356409	212776173	24,4336	8,4202	2,77597	1,67504	1875,5	279923	597
598	357604	213847192	24,4540	8,4249	2,77670	1,67224	1878,7	280862	598
599	358801	214921799	24,4745	8,4296	2,77743	1,66945	1881,8	281802	599
600	360000	216000000	24,4949	8,4343	2,77815	1,66667	1885,0	282743	**600**

n	n^2	n^3	$\sqrt{n}$	$\sqrt[3]{n}$	$\log n$	$\dfrac{1000}{n}$	$\pi\, n$	$\dfrac{\pi\, n^2}{4}$	n
600	360000	216000000	24,4949	8,4343	2,77815	1,66667	1885,0	282743	600
601	361201	217081801	24,5153	8,4390	2,77887	1,66389	1888,1	283687	601
602	362404	218167208	24,5357	8,4437	2,77960	1,66113	1891,2	284631	602
603	363609	219256227	24,5561	8,4484	2,78032	1,65837	1894,4	285578	603
604	364816	220348864	24,5764	8,4530	2,78104	1,65563	1897,5	286526	604
605	366025	221445125	24,5967	8,4577	2,78176	1,65289	1900,7	287475	605
606	367236	222545016	24,6171	8,4623	2,78247	1,65017	1903,8	288426	606
607	368449	223648543	24,6374	8,4670	2,78319	1,64745	1906,9	289379	607
608	369664	224755712	24,6577	8,4716	2,78390	1,64474	1910,1	290333	608
609	370881	225866529	24,6779	8,4763	2,78462	1,64204	1913,2	291289	609
610	372100	226981000	24,6982	8,4809	2,78533	1,63934	1916,4	292247	610
611	373321	228099131	24,7184	8,4856	2,78604	1,63666	1919,5	293206	611
612	374544	229220928	24,7386	8,4902	2,78675	1,63399	1922,7	294166	612
613	375769	230346397	24,7588	8,4948	2,78746	1,63132	1925,8	295128	613
614	376996	231475544	24,7790	8,4994	2,78817	1,62866	1928,9	296092	614
615	378225	232608375	24,7992	8,5040	2,78888	1,62602	1932,1	297057	615
616	379456	233744896	24,8193	8,5086	2,78958	1,62338	1935,2	298024	616
617	380689	234885113	24,8395	8,5132	2,79029	1,62075	1938,4	298992	617
618	381924	236029032	24,8596	8,5178	2,79099	1,61812	1941,5	299962	618
619	383161	237176659	24,8797	8,5224	2,79169	1,61551	1944,6	300934	619
620	384400	238328000	24,8998	8,5270	2,79239	1,61290	1947,8	301907	620
621	385641	239483061	24,9199	8,5316	2,79309	1,61031	1950,9	302882	621
622	386884	240641848	24,9399	8,5362	2,79379	1,60772	1954,1	303858	622
623	388129	241804367	24,9600	8,5408	2,79449	1,60514	1957,2	304836	623
624	389376	242970624	24,9800	8,5453	2,79518	1,60256	1960,4	305815	624
625	390625	244140625	25,0000	8,5499	2,79588	1,60000	1963,5	306796	625
626	391876	245314376	25,0200	8,5544	2,79657	1,59744	1966,6	307779	626
627	393129	246491883	25,0400	8,5590	2,79727	1,59490	1969,8	308763	627
628	394384	247673152	25,0599	8,5635	2,79796	1,59236	1972,9	309748	628
629	395641	248858189	25,0799	8,5681	2,79865	1,58983	1976,1	310736	629
630	396900	250047000	25,0998	8,5726	2,79934	1,58730	1979,2	311725	630
631	398161	251239591	25,1197	8,5772	2,80003	1,58479	1982,3	312715	631
632	399424	252435968	25,1396	8,5817	2,80072	1,58228	1985,5	313707	632
633	400689	253636137	25,1595	8,5862	2,80140	1,57978	1988,6	314700	633
634	401956	254840104	25,1794	8,5907	2,80209	1,57729	1991,8	315696	634
635	403225	256047875	25,1992	8,5952	2,80277	1,57480	1994,9	316692	635
636	404496	257259456	25,2190	8,5997	2,80346	1,57233	1998,1	317690	636
637	405769	258474853	25,2389	8,6043	2,80414	1,56986	2001,2	318690	637
638	407044	259694072	25,2587	8,6088	2,80482	1,56740	2004,3	319692	638
639	408321	260917119	25,2784	8,6132	2,80550	1,56495	2007,5	320695	639
640	409600	262144000	25,2982	8,6177	2,80618	1,56250	2010,6	321699	640
641	410881	263374721	25,3180	8,6222	2,80686	1,56006	2013,8	322705	641
642	412164	264609288	25,3377	8,6267	2,80754	1,55763	2016,9	323713	642
643	413449	265847707	25,3574	8,6312	2,80821	1,55521	2020,0	324722	643
644	414736	267089984	25,3772	8,6357	2,80889	1,55280	2023,2	325733	644
645	416025	268336125	25,3969	8,6401	2,80956	1,55039	2026,3	326745	645
646	417316	269586136	25,4165	8,6446	2,81023	1,54799	2029,5	327759	646
647	418609	270840023	25,4362	8,6490	2,81090	1,54560	2032,6	328775	647
648	419904	272097792	25,4558	8,6535	2,81158	1,54321	2035,8	329792	648
649	421201	273359449	25,4755	8,6579	2,81224	1,54083	2038,9	330810	649
650	422500	274625000	25,4951	8,6624	2,81291	1,53846	2042,0	331831	650

n	n^2	n^3	$\sqrt{n}$	$\sqrt[3]{n}$	$\log n$	$\dfrac{1000}{n}$	πn	$\dfrac{\pi n^2}{4}$	n
650	422500	274625000	25,4951	8,6624	2,81291	1,53846	2042,0	331831	650
651	423801	275894451	25,5147	8,6668	2,81358	1,53610	2045,2	332853	651
652	425104	277167808	25,5343	8,6713	2,81425	1,53374	2048,3	333876	652
653	426409	278445077	25,5539	8,6757	2,81491	1,53139	2051,5	334901	653
654	427716	279726264	25,5734	8,6801	2,81558	1,52905	2054,6	335927	654
655	429025	281011375	25,5930	8,6845	2,81624	1,52672	2057,7	336955	655
656	430336	282300416	25,6125	8,6890	2,81690	1,52439	2060,9	337985	656
657	431649	283593393	25,6320	8,6934	2,81757	1,52207	2064,0	339016	657
658	432964	284890312	25,6515	8,6978	2,81823	1,51976	2067,2	340049	658
659	434281	286191179	25,6710	8,7022	2,81889	1,51745	2070,3	341084	659
660	435600	287496000	25,6905	8,7066	2,81954	1,51515	2073,5	342119	660
661	436921	288804781	25,7099	8,7110	2,82020	1,51286	2076,6	343157	661
662	438244	290117528	25,7294	8,7154	2,82086	1,51057	2079,7	344196	662
663	439569	291434247	25,7488	8,7198	2,82151	1,50830	2082,9	345237	663
664	440896	292754944	25,7682	8,7241	2,82217	1,50602	2086,0	346279	664
665	442225	294079625	25,7876	8,7285	2,82282	1,50376	2089,2	347323	665
666	443556	295408296	25,8070	8,7329	2,82347	1,50150	2092,3	348368	666
667	444889	296740963	25,8263	8,7373	2,82413	1,49925	2095,4	349415	667
668	446224	298077632	25,8457	8,7416	2,82478	1,49701	2098,6	350464	668
669	447561	299418309	25,8650	8,7460	2,82543	1,49477	2101,7	351514	669
670	448900	300763000	25,8844	8,7503	2,82607	1,49254	2104,9	352565	670
671	450241	302111711	25,9037	8,7547	2,82672	1,49031	2108,0	353618	671
672	451584	303464448	25,9230	8,7590	2,82737	1,48810	2111,2	354673	672
673	452929	304821217	25,9422	8,7634	2,82802	1,48588	2114,3	355730	673
674	454276	306182024	25,9615	8,7677	2,82866	1,48368	2117,4	356788	674
675	455625	307546875	25,9808	8,7721	2,82930	1,48148	2120,6	357847	675
676	456976	308915776	26,0000	8,7764	2,82995	1,47929	2123,7	358908	676
677	458329	310288733	26,0192	8,7807	2,83059	1,47710	2126,9	359971	677
678	459684	311665752	26,0384	8,7850	2,83123	1,47493	2130,0	361035	678
679	461041	313046839	26,0576	8,7893	2,83187	1,47275	2133,1	362101	679
680	462400	314432000	26,0768	8,7937	2,83251	1,47059	2136,3	363168	680
681	463761	315821241	26,0960	8,7980	2,83315	1,46843	2139,4	364237	681
682	465124	317214568	26,1151	8,8023	2,83378	1,46628	2142,6	365308	682
683	466489	318611987	26,1343	8,8066	2,83442	1,46413	2145,7	366380	683
684	467856	320013504	26,1534	8,8109	2,83506	1,46199	2148,8	367453	684
685	469225	321419125	26,1725	8,8152	2,83569	1,45985	2152,0	368528	685
686	470596	322828856	26,1916	8,8194	2,83632	1,45773	2155,1	369605	686
687	471969	324242703	26,2107	8,8237	2,83696	1,45560	2158,3	370684	687
688	473344	325660672	26,2298	8,8280	2,83759	1,45349	2161,4	371764	688
689	474721	327082769	26,2488	8,8323	2,83822	1,45138	2164,6	372845	689
690	476100	328509000	26,2679	8,8366	2,83885	1,44928	2167,7	373928	690
691	477481	329939371	26,2869	8,8408	2,83948	1,44718	2170,8	375013	691
692	478864	331373888	26,3059	8,8451	2,84011	1,44509	2174,0	376099	692
693	480249	332812557	26,3249	8,8493	2,84073	1,44300	2177,1	377187	693
694	481636	334255384	26,3439	8,8536	2,84136	1,44092	2180,3	378276	694
695	483025	335702375	26,3629	8,8578	2,84198	1,43885	2183,4	379367	695
696	484416	337153536	26,3818	8,8621	2,84261	1,43678	2186,5	380459	696
697	485809	338608873	26,4008	8,8663	2,84323	1,43472	2189,7	381553	697
698	487204	340068392	26,4197	8,8706	2,84386	1,43266	2192,8	382649	698
699	488601	341532099	26,4386	8,8748	2,84448	1,43062	2196,0	383746	699
700	490000	343000000	26,4575	8,8790	2,84510	1,42857	2199,1	384845	700

n	n^2	n^3	$\sqrt{n}$	$\sqrt[3]{n}$	$\log n$	$\dfrac{1000}{n}$	πn	$\dfrac{\pi n^2}{4}$	n
700	490000	343000000	26,4575	8,8790	2,84510	1,42857	2199,1	384845	**700**
701	491401	344472101	26,4764	8,8833	2,84572	1,42653	2202,3	385945	701
702	492804	345948408	26,4953	8,8875	2,84634	1,42450	2205,4	387047	702
703	494209	347428927	26,5141	8,8917	2,84696	1,42248	2208,5	388151	703
704	495616	348913664	26,5330	8,8959	2,84757	1,42045	2211,7	389256	704
705	497025	350402625	26,5518	8,9001	2,84819	1,41844	2214,8	390363	705
706	498436	351895816	26,5707	8,9043	2,84880	1,41643	2218,0	391471	706
707	499849	353393243	26,5895	8,9085	2,84942	1,41443	2221,1	392580	707
708	501264	354894912	26,6083	8,9127	2,85003	1,41243	2224,2	393692	708
709	502681	356400829	26,6271	8,9169	2,85065	1,41044	2227,4	394805	709
710	504100	357911000	26,6458	8,9211	2,85126	1,40845	2230,5	395919	**710**
711	505521	359425431	26,6646	8,9253	2,85187	1,40647	2233,7	397035	711
712	506944	360944128	26,6833	8,9295	2,85248	1,40449	2236,8	398153	712
713	508369	362467097	26,7021	8,9337	2,85309	1,40252	2240,0	399272	713
714	509796	363994344	26,7208	8,9378	2,85370	1,40056	2243,1	400393	714
715	511225	365525875	26,7395	8,9420	2,85431	1,39860	2246,2	401515	715
716	512656	367061696	26,7582	8,9462	2,85491	1,39665	2249,4	402639	716
717	514089	368601813	26,7769	8,9503	2,85552	1,39470	2252,5	403765	717
718	515524	370146232	26,7955	8,9545	2,85612	1,39276	2255,7	404892	718
719	516961	371694959	26,8142	8,9587	2,85673	1,39082	2258,8	406020	719
720	518400	373248000	26,8328	8,9628	2,85733	1,38889	2261,9	407150	**720**
721	519841	374805361	26,8514	8,9670	2,85794	1,38696	2265,1	408282	721
722	521284	376367048	26,8701	8,9711	2,85854	1,38504	2268,2	409415	722
723	522729	377933067	26,8887	8,9752	2,85914	1,38313	2271,4	410550	723
724	524176	379503424	26,9072	8,9794	2,85974	1,38122	2274,5	411687	724
725	525625	381078125	26,9258	8,9835	2,86034	1,37931	2277,7	412825	725
726	527076	382657176	26,9444	8,9876	2,86094	1,37741	2280,8	413965	726
727	528529	384240583	26,9629	8,9918	2,86153	1,37552	2283,9	415106	727
728	529984	385828352	26,9815	8,9959	2,86213	1,37363	2287,1	416248	728
729	531441	387420489	27,0000	9,0000	2,86273	1,37174	2290,2	417393	729
730	532900	389017000	27,0185	9,0041	2,86332	1,36986	2293,4	418539	**730**
731	534361	390617891	27,0370	9,0082	2,86392	1,36799	2296,5	419686	731
732	535824	392223168	27,0555	9,0123	2,86451	1,36612	2299,6	420835	732
733	537289	393832837	27,0740	9,0164	2,86510	1,36426	2302,8	421986	733
734	538756	395446904	27,0924	9,0205	2,86570	1,36240	2305,9	423138	734
735	540225	397065375	27,1109	9,0246	2,86629	1,36054	2309,1	424293	735
736	541696	398688256	27,1293	9,0287	2,86688	1,35870	2312,2	425447	736
737	543169	400315553	27,1477	9,0328	2,86747	1,35685	2315,4	426604	737
738	544644	401947272	27,1662	9,0369	2,86806	1,35501	2318,5	427762	738
739	546121	403583419	27,1846	9,0410	2,86864	1,35318	2321,6	428922	739
740	547600	405224000	27,2029	9,0450	2,86923	1,35135	2324,8	430084	**740**
741	549081	406869021	27,2213	9,0491	2,86982	1,34953	2327,9	431247	741
742	550564	408518488	27,2397	9,0532	2,87040	1,34771	2331,1	432412	742
743	552049	410172407	27,2580	9,0572	2,87099	1,34590	2334,2	433578	743
744	553536	411830784	27,2764	9,0613	2,87157	1,34409	2337,3	434746	744
745	555025	413493625	27,2947	9,0654	2,87216	1,34228	2340,5	435916	745
746	556516	415160936	27,3130	9,0694	2,87274	1,34048	2343,6	437087	746
747	558009	416832723	27,3313	9,0735	2,87332	1,33869	2346,8	438259	747
748	559504	418508992	27,3496	9,0775	2,87390	1,33690	2349,9	439433	748
749	561001	420189749	27,3679	9,0816	2,87448	1,33511	2353,1	440609	749
750	562500	421875000	27,3861	9,0856	2,87506	1,33333	2356,2	441786	**750**

n	n^2	n^3	$\sqrt{n}$	$\sqrt[3]{n}$	$\log n$	$\dfrac{1000}{n}$	πn	$\dfrac{\pi n^2}{4}$	n
750	562500	421875000	27,3861	9,0856	2,87506	1,33333	2356,2	441786	750
751	564001	423564751	27,4044	9,0896	2,87564	1,33156	2359,3	442965	751
752	565504	425259008	27,4226	9,0937	2,87622	1,32979	2362,5	444146	752
753	567009	426957777	27,4408	9,0977	2,87679	1,32802	2365,6	445328	753
754	568516	428661064	27,4591	9,1017	2,87737	1,32626	2368,8	446511	754
755	570025	430368875	27,4773	9,1057	2,87795	1,32450	2371,9	447697	755
756	571536	432081216	27,4955	9,1098	2,87852	1,32275	2375,0	448883	756
757	573049	433798093	27,5136	9,1138	2,87910	1,32100	2378,2	450072	757
758	574564	435519512	27,5318	9,1178	2,87967	1,31926	2381,3	451262	758
759	576081	437245479	27,5500	9,1218	2,88024	1,31752	2384,5	452453	759
760	577600	438976000	27,5681	9,1258	2,88081	1,31579	2387,6	453646	760
761	579121	440711081	27,5862	9,1298	2,88138	1,31406	2390,8	454841	761
762	580644	442450728	27,6043	9,1338	2,88195	1,31234	2393,9	456037	762
763	582169	444194947	27,6225	9,1378	2,88252	1,31062	2397,0	457234	763
764	583696	445943744	27,6405	9,1418	2,88309	1,30890	2400,2	458434	764
765	585225	447697125	27,6586	9,1458	2,88366	1,30719	2403,3	459635	765
766	586756	449455096	27,6767	9,1498	2,88423	1,30548	2406,5	460837	766
767	588289	451217663	27,6948	9,1537	2,88480	1,30378	2409,6	462041	767
768	589824	452984832	27,7128	9,1577	2,88536	1,30208	2412,7	463247	768
769	591361	454756609	27,7308	9,1617	2,88593	1,30039	2415,9	464454	769
770	592900	456533000	27,7489	9,1657	2,88649	1,29870	2419,0	465663	770
771	594441	458314011	27,7669	9,1696	2,88705	1,29702	2422,2	466873	771
772	595984	460099648	27,7849	9,1736	2,88762	1,29534	2425,3	468085	772
773	597529	461889917	27,8029	9,1775	2,88818	1,29366	2428,5	469298	773
774	599076	463684824	27,8209	9,1815	2,88874	1,29199	2431,6	470513	774
775	600625	465484375	27,8388	9,1855	2,88930	1,29032	2434,7	471730	775
776	602176	467288576	27,8568	9,1894	2,88986	1,28866	2437,9	472948	776
777	603729	469097433	27,8747	9,1933	2,89042	1,28700	2441,0	474168	777
778	605284	470910952	27,8927	9,1973	2,89098	1,28535	2444,2	475389	778
779	606841	472729139	27,9106	9,2012	2,89154	1,28370	2447,3	476612	779
780	608400	474552000	27,9285	9,2052	2,89209	1,28205	2450,4	477836	780
781	609961	476379541	27,9464	9,2091	2,89265	1,28041	2453,6	479062	781
782	611524	478211768	27,9643	9,2130	2,89321	1,27877	2456,7	480290	782
783	613089	480048687	27,9821	9,2170	2,89376	1,27714	2459,9	481519	783
784	614656	481890304	28,0000	9,2209	2,89432	1,27551	2463,0	482750	784
785	616225	483736625	28,0179	9,2248	2,89487	1,27389	2466,2	483982	785
786	617796	485587656	28,0357	9,2287	2,89542	1,27226	2469,3	485216	786
787	619369	487443403	28,0535	9,2326	2,89597	1,27065	2472,4	486451	787
788	620944	489303872	28,0713	9,2365	2,89653	1,26904	2475,6	487688	788
789	622521	491169069	28,0891	9,2404	2,89708	1,26743	2478,7	488927	789
790	624100	493039000	28,1069	9,2443	2,89763	1,26582	2481,9	490167	790
791	625681	494913671	28,1247	9,2482	2,89818	1,26422	2485,0	491409	791
792	627264	496793088	28,1425	9,2521	2,89873	1,26263	2488,1	492652	792
793	628849	498677257	28,1603	9,2560	2,89927	1,26103	2491,3	493897	793
794	630436	500566184	28,1780	9,2599	2,89982	1,25945	2494,4	495143	794
795	632025	502459875	28,1957	9,2638	2,90037	1,25786	2497,6	496391	795
796	633616	504358336	28,2135	9,2677	2,90091	1,25628	2500,7	497641	796
797	635209	506261573	28,2312	9,2716	2,90146	1,25471	2503,8	498892	797
798	636804	508169592	28,2489	9,2754	2,90200	1,25313	2507,0	500145	798
799	638401	510082399	28,2666	9,2793	2,90255	1,25156	2510,1	501399	799
800	640000	512000000	28,2843	9,2832	2,90309	1,25000	2513,3	502655	800

n	n^2	n^3	$\sqrt{n}$	$\sqrt[3]{n}$	$\log n$	$\dfrac{1000}{n}$	$\pi\, n$	$\dfrac{\pi\, n^2}{4}$	n
800	640000	512000000	28,2843	9,2832	2,90309	1,25000	2513,3	502655	800
801	641601	513922401	28,3019	9,2870	2,90363	1,24844	2516,4	503912	801
802	643204	515849608	28,3196	9,2909	2,90417	1,24688	2519,6	505171	802
803	644809	517781627	28,3373	9,2948	2,90472	1,24533	2522,7	506432	803
804	646416	519718464	28,3549	9,2986	2,90526	1,24378	2525,8	507694	804
805	648025	521660125	28,3725	9,3025	2,90580	1,24224	2529,0	508958	805
806	649636	523606616	28,3901	9,3063	2,90634	1,24069	2532,1	510223	806
807	651249	525557943	28,4077	9,3102	2,90687	1,23916	2535,3	511490	807
808	652864	527514112	28,4253	9,3140	2,90741	1,23762	2538,4	512758	808
809	654481	529475129	28,4429	9,3179	2,90795	1,23609	2541,5	514028	809
810	656100	531441000	28,4605	9,3217	2,90849	1,23457	2544,7	515300	810
811	657721	533411731	28,4781	9,3255	2,90902	1,23305	2547,8	516573	811
812	659344	535387328	28,4956	9,3294	2,90956	1,23153	2551,0	517848	812
813	660969	537367797	28,5132	9,3332	2,91009	1,23001	2554,1	519124	813
814	662596	539353144	28,5307	9,3370	2,91062	1,22850	2557,3	520402	814
815	664225	541343375	28,5482	9,3408	2,91116	1,22699	2560,4	521681	815
816	665856	543338496	28,5657	9,3447	2,91169	1,22549	2563,5	522962	816
817	667489	545338513	28,5832	9,3485	2,91222	1,22399	2566,7	524245	817
818	669124	547343432	28,6007	9,3523	2,91275	1,22249	2569,8	525529	818
819	670761	549353259	28,6182	9,3561	2,91328	1,22100	2573,0	526814	819
820	672400	551368000	28,6356	9,3599	2,91381	1,21951	2576,1	528102	820
821	674041	553387661	28,6531	9,3637	2,91434	1,21803	2579,2	529391	821
822	675684	555412248	28,6705	9,3675	2,91487	1,21655	2582,4	530681	822
823	677329	557441767	28,6880	9,3713	2,91540	1,21507	2585,5	531973	823
824	678976	559476224	28,7054	9,3751	2,91593	1,21359	2588,7	533267	824
825	680625	561515625	28,7228	9,3789	2,91645	1,21212	2591,8	534562	825
826	682276	563559976	28,7402	9,3827	2,91698	1,21065	2595,0	535858	826
827	683929	565609283	28,7576	9,3865	2,91751	1,20919	2598,1	537157	827
828	685584	567663552	28,7750	9,3902	2,91803	1,20773	2601,2	538456	828
829	687241	569722789	28,7924	9,3940	2,91855	1,20627	2604,4	539758	829
830	688900	571787000	28,8097	9,3978	2,91908	1,20482	2607,5	541061	830
831	690561	573856191	28,8271	9,4016	2,91960	1,20337	2610,7	542365	831
832	692224	575930368	28,8444	9,4053	2,92012	1,20192	2613,8	543671	832
833	693889	578009537	28,8617	9,4091	2,92065	1,20048	2616,9	544979	833
834	695556	580093704	28,8791	9,4129	2,92117	1,19904	2620,1	546288	834
835	697225	582182875	28,8964	9,4166	2,92169	1,19760	2623,2	547599	835
836	698896	584277056	28,9137	9,4204	2,92221	1,19617	2626,4	548912	836
837	700569	586376253	28,9310	9,4241	2,92273	1,19474	2629,5	550226	837
838	702244	588480472	28,9482	9,4279	2,92324	1,19332	2632,7	551541	838
839	703921	590589719	28,9655	9,4316	2,92376	1,19190	2635,8	552858	839
840	705600	592704000	28,9828	9,4354	2,92428	1,19048	2638,9	554177	840
841	707281	594823321	29,0000	9,4391	2,92480	1,18906	2642,1	555497	841
842	708964	596947688	29,0172	9,4429	2,92531	1,18765	2645,2	556819	842
843	710649	599077107	29,0345	9,4466	2,92583	1,18624	2648,4	558142	843
844	712336	601211584	29,0517	9,4503	2,92634	1,18483	2651,5	559467	844
845	714025	603351125	29,0689	9,4541	2,92686	1,18343	2654,6	560794	845
846	715716	605495736	29,0861	9,4578	2,92737	1,18203	2657,8	562122	846
847	717409	607645423	29,1033	9,4615	2,92788	1,18064	2660,9	563452	847
848	719104	609800192	29,1204	9,4652	2,92840	1,17925	2664,1	564783	848
849	720801	611960049	29,1376	9,4690	2,92891	1,17786	2667,2	566116	849
850	722500	614125000	29,1548	9,4727	2,92942	1,17647	2670,4	567450	850

n	n^2	n^3	$\sqrt{n}$	$\sqrt[3]{n}$	$\log n$	$\dfrac{1000}{n}$	πn	$\dfrac{\pi n^2}{4}$	n
850	722500	614125000	29,1548	9,4727	2,92942	1,17647	2670,4	567450	850
851	724201	616295051	29,1719	9,4764	2,92993	1,17509	2673,5	568786	851
852	725904	618470208	29,1890	9,4801	2,93044	1,17371	2676,6	570124	852
853	727609	620650477	29,2062	9,4838	2,93095	1,17233	2679,8	571463	853
854	729316	622835864	29,2233	9,4875	2,93146	1,17096	2682,9	572803	854
855	731025	625026375	29,2404	9,4912	2,93197	1,16959	2686,1	574146	855
856	732736	627222016	29,2575	9,4949	2,93247	1,16822	2689,2	575490	856
857	734449	629422793	29,2746	9,4986	2,93298	1,16686	2692,3	576835	857
858	736164	631628712	29,2916	9,5023	2,93349	1,16550	2695,5	578182	858
859	737881	633839779	29,3087	9,5060	2,93399	1,16414	2698,6	579530	859
860	739600	636056000	29,3258	9,5097	2,93450	1,16279	2701,8	580880	**860**
861	741321	638277381	29,3428	9,5134	2,93500	1,16144	2704,9	582232	861
862	743044	640503928	29,3598	9,5171	2,93551	1,16009	2708,1	583585	862
863	744769	642735647	29,3769	9,5207	2,93601	1,15875	2711,2	584940	863
864	746496	644972544	29,3939	9,5244	2,93651	1,15741	2714,3	586297	864
865	748225	647214625	29,4109	9,5281	2,93702	1,15607	2717,5	587655	865
866	749956	649461896	29,4279	9,5317	2,93752	1,15473	2720,6	589014	866
867	751689	651714363	29,4449	9,5354	2,93802	1,15340	2723,8	590375	867
868	753424	653972032	29,4618	9,5391	2,93852	1,15207	2726,9	591738	868
869	755161	656234909	29,4788	9,5427	2,93902	1,15075	2730,0	593102	869
870	756900	658503000	29,4958	9,5464	2,93952	1,14943	2733,2	594468	**870**
871	758641	660776311	29,5127	9,5501	2,94002	1,14811	2736,3	595835	871
872	760384	663054848	29,5296	9,5537	2,94052	1,14679	2739,5	597204	872
873	762129	665338617	29,5466	9,5574	2,94101	1,14548	2742,6	598575	873
874	763876	667627624	29,5635	9,5610	2,94151	1,14416	2745,8	599947	874
875	765625	669921875	29,5804	9,5647	2,94201	1,14286	2748,9	601320	875
876	767376	672221376	29,5973	9,5683	2,94250	1,14155	2752,0	602696	876
877	769129	674526133	29,6142	9,5719	2,94300	1,14025	2755,2	604073	877
878	770884	676836152	29,6311	9,5756	2,94349	1,13895	2758,3	605451	878
879	772641	679151439	29,6479	9,5792	2,94399	1,13766	2761,5	606831	879
880	774400	681472000	29,6648	9,5828	2,94448	1,13636	2764,6	608212	**880**
881	776161	683797841	29,6816	9,5865	2,94498	1,13507	2767,7	609595	881
882	777924	686128968	29,6985	9,5901	2,94547	1,13379	2770,9	610980	882
883	779689	688465387	29,7153	9,5937	2,94596	1,13250	2774,0	612366	883
884	781456	690807104	29,7321	9,5973	2,94645	1,13122	2777,2	613754	884
885	783225	693154125	29,7489	9,6010	2,94694	1,12994	2780,3	615143	885
886	784996	695506456	29,7658	9,6046	2,94743	1,12867	2783,5	616534	886
887	786769	697864103	29,7825	9,6082	2,94792	1,12740	2786,6	617927	887
888	788544	700227072	29,7993	9,6118	2,94841	1,12613	2789,7	619321	888
889	790321	702595369	29,8161	9,6154	2,94890	1,12486	2792,9	620717	889
890	792100	704969000	29,8329	9,6190	2,94939	1,12360	2796,0	622114	**890**
891	793881	707347971	29,8496	9,6226	2,94988	1,12233	2799,2	623513	891
892	795664	709732288	29,8664	9,6262	2,95036	1,12108	2802,3	624913	892
893	797449	712121957	29,8831	9,6298	2,95085	1,11982	2805,4	626315	893
894	799236	714516984	29,8998	9,6334	2,95134	1,11857	2808,6	627718	894
895	801025	716917375	29,9166	9,6370	2,95182	1,11732	2811,7	629124	895
896	802816	719323136	29,9333	9,6406	2,95231	1,11607	2814,9	630530	896
897	804609	721734273	29,9500	9,6442	2,95279	1,11483	2818,0	631938	897
898	806404	724150792	29,9666	9,6477	2,95328	1,11359	2821,2	633348	898
899	808201	726572699	29,9833	9,6513	2,95376	1,11235	2824,3	634760	899
900	810000	729000000	30,0000	9,6549	2,95424	1,11111	2827,4	636173	**900**

n	n^2	n^3	$\sqrt{n}$	$\sqrt[3]{n}$	$\log n$	$\dfrac{1000}{n}$	πn	$\dfrac{\pi n^2}{4}$	n
900	810000	729000000	30,0000	9,6549	2,95424	1,11111	2827,4	636173	**900**
901	811801	731432701	30,0167	9,6585	2,95472	1,10988	2830,6	637587	901
902	813604	733870808	30,0333	9,6620	2,95521	1,10865	2833,7	639003	902
903	815409	736314327	30,0500	9,6656	2,95569	1,10742	2836,9	640421	903
904	817216	738763264	30,0666	9,6692	2,95617	1,10619	2840,0	641840	904
905	819025	741217625	30,0832	9,6727	2,95665	1,10497	2843,1	643261	905
906	820836	743677416	30,0998	9,6763	2,95713	1,10375	2846,3	644683	906
907	822649	746142643	30,1164	9,6799	2,95761	1,10254	2849,4	646107	907
908	824464	748613312	30,1330	9,6834	2,95809	1,10132	2852,6	647533	908
909	826281	751089429	30,1496	9,6870	2,95856	1,10011	2855,7	648960	909
910	828100	753571000	30,1662	9,6905	2,95904	1,09890	2858,8	650388	**910**
911	829921	756058031	30,1828	9,6941	2,95952	1,09796	2862,0	651818	911
912	831744	758550528	30,1993	9,6976	2,95999	1,09649	2865,1	653250	912
913	833569	761048497	30,2159	9,7012	2,96047	1,09529	2868,3	654684	913
914	835396	763551944	30,2324	9,7047	2,96095	1,09409	2871,4	656118	914
915	837225	766060875	30,2490	9,7082	2,96142	1,09290	2874,6	657555	915
916	839056	768575296	30,2655	9,7118	2,96190	1,09170	2877,7	658993	916
917	840889	771095213	30,2820	9,7153	2,96237	1,09051	2880,8	660433	917
918	842724	773620632	30,2985	9,7188	2,96284	1,08932	2884,0	661874	918
919	844561	776151559	30,3150	9,7224	2,96332	1,08814	2887,1	663317	919
920	846400	778688000	30,3315	9,7259	2,96379	1,08696	2890,3	664761	**920**
921	848241	781229961	30,3480	9,7294	2,96426	1,08578	2893,4	666207	921
922	850084	783777448	30,3645	9,7329	2,96473	1,08460	2896,5	667654	922
923	851929	786330467	30,3809	9,7364	2,96520	1,08342	2899,7	669103	923
924	853776	788889024	30,3974	9,7400	2,96567	1,08225	2902,8	670554	924
925	855625	791453125	30,4138	9,7435	2,96614	1,08108	2906,0	672006	925
926	857476	794022776	30,4302	9,7470	2,96661	1,07991	2909,1	673460	926
927	859329	796597983	30,4467	9,7505	2,96708	1,07875	2912,3	674915	927
928	861184	799178752	30,4631	9,7540	2,96755	1,07759	2915,4	676372	928
929	863041	801765089	30,4795	9,7575	2,96802	1,07643	2918,5	677831	929
930	864900	804357000	30,4959	9,7610	2,96848	1,07527	2921,7	679291	**930**
931	866761	806954491	30,5123	9,7645	2,96895	1,07411	2924,8	680752	931
932	868624	809557568	30,5287	9,7680	2,96942	1,07296	2928,0	682216	932
933	870489	812166237	30,5450	9,7715	2,96988	1,07181	2931,1	683680	933
934	872356	814780504	30,5614	9,7750	2,97035	1,07066	2934,2	685147	934
935	874225	817400375	30,5778	9,7785	2,97081	1,06952	2937,4	686615	935
936	876096	820025856	30,5941	9,7819	2,97128	1,06838	2940,5	688084	936
937	877969	822656953	30,6105	9,7854	2,97174	1,06724	2943,7	689555	937
938	879844	825293672	30,6268	9,7889	2,97220	1,06610	2946,8	691028	938
939	881721	827936019	30,6431	9,7924	2,97267	1,06496	2950,0	692502	939
940	883600	830584000	30,6594	9,7959	2,97313	1,06383	2953,1	693978	**940**
941	885481	833237621	30,6757	9,7993	2,97359	1,06270	2956,2	695455	941
942	887364	835896888	30,6920	9,8028	2,97405	1,06157	2959,4	696934	942
943	889249	838561807	30,7083	9,8063	2,97451	1,06045	2962,5	698415	943
944	891136	841232384	30,7246	9,8097	2,97497	1,05932	2965,7	699897	944
945	893025	843908625	30,7409	9,8132	2,97543	1,05820	2968,8	701380	945
946	894916	846590536	30,7571	9,8167	2,97589	1,05708	2971,9	702865	946
947	896809	849278123	30,7734	9,8201	2,97635	1,05597	2975,1	704352	947
948	898704	851971392	30,7896	9,8236	2,97681	1,05485	2978,2	705840	948
949	900601	854670349	30,8058	9,8270	2,97727	1,05374	2981,4	707330	949
950	902500	857375000	30,8221	9,8305	2,97772	1,05263	2984,5	708822	**950**

n	n^2	n^3	$\sqrt{n}$	$\sqrt[3]{n}$	$\log n$	$\dfrac{1000}{n}$	πn	$\dfrac{\pi n^2}{4}$	n
950	902500	857375000	30,8221	9,8305	2,97772	1,05263	2984,5	708822	**950**
951	904401	860085351	30,8383	9,8339	2,97818	1,05152	2987,7	710315	951
952	906304	862801408	30,8545	9,8374	2,97864	1,05042	2990,8	711809	952
953	908209	865523177	30,8707	9,8408	2,97909	1,04932	2993,9	713306	953
954	910116	868250664	30,8869	9,8443	2,97955	1,04822	2997,1	714803	954
955	912025	870983875	30,9031	9,8477	2,98000	1,04712	3000,2	716303	955
956	913936	873722816	30,9192	9,8511	2,98046	1,04603	3003,4	717804	956
957	915849	876467493	30,9354	9,8546	2,98091	1,04493	3006,5	719306	957
958	917764	879217912	30,9516	9,8580	2,98137	1,04384	3009,6	720810	958
959	919681	881974079	30,9677	9,8614	2,98182	1,04275	3012,8	722316	959
960	921600	884736000	30,9839	9,8648	2,98227	1,04167	3015,9	723823	**960**
961	923521	887503681	31,0000	9,8683	2,98272	1,04058	3019,1	725332	961
962	925444	890277128	31,0161	9,8717	2,98318	1,03950	3022,2	726842	962
963	927369	893056347	31,0322	9,8751	2,98363	1,03842	3025,4	728354	963
964	929296	895841344	31,0483	9,8785	2,98408	1,03734	3028,5	729867	964
965	931225	898632125	31,0644	9,8819	2,98453	1,03627	3031,6	731382	965
966	933156	901428696	31,0805	9,8854	2,98498	1,03520	3034,8	732899	966
967	935089	904231063	31,0966	9,8888	2,98543	1,03413	3037,9	734417	967
968	937024	907039232	31,1127	9,8922	2,98588	1,03306	3041,1	735937	968
969	938961	909853209	31,1288	9,8956	2,98632	1,03199	3044,2	737458	969
970	940900	912673000	31,1448	9,8990	2,98677	1,03093	3047,3	738981	**970**
971	942841	915498611	31,1609	9,9024	2,98722	1,02987	3050,5	740506	971
972	944784	918330048	31,1769	9,9058	2,98767	1,02881	3053,6	742032	972
973	946729	921167317	31,1929	9,9092	2,98811	1,02775	3056,8	743559	973
974	948676	924010424	31,2090	9,9126	2,98856	1,02669	3059,9	745088	974
975	950625	926859375	31,2250	9,9160	2,98900	1,02564	3063,1	746619	975
976	952576	929714176	31,2410	9,9194	2,98945	1,02459	3066,2	748151	976
977	954529	932574833	31,2570	9,9227	2,98989	1,02354	3069,3	749685	977
978	956484	935441352	31,2730	9,9261	2,99034	1,02249	3072,5	751221	978
979	958441	938313739	31,2890	9,9295	2,99078	1,02145	3075,6	752758	979
980	960400	941192000	31,3050	9,9329	2,99123	1,02041	3078,8	754296	**980**
981	962361	944076141	31,3209	9,9363	2,99167	1,01937	3081,9	755837	981
982	964324	946966168	31,3369	9,9396	2,99211	1,01833	3085,0	757378	982
983	966289	949862087	31,3528	9,9430	2,99255	1,01729	3088,2	758922	983
984	968256	952763904	31,3688	9,9464	2,99300	1,01626	3091,3	760466	984
985	970225	955671625	31,3847	9,9497	2,99344	1,01523	3094,5	762013	985
986	972196	958585256	31,4006	9,9531	2,99388	1,01420	3097,6	763561	986
987	974169	961504803	31,4166	9,9565	2,99432	1,01317	3100,8	765111	987
988	976144	964430272	31,4325	9,9598	2,99476	1,01215	3103,9	766662	988
989	978121	967361669	31,4484	9,9632	2,99520	1,01112	3107,0	768214	989
990	980100	970299000	31,4643	9,9666	2,99564	1,01010	3110,2	769769	**990**
991	982081	973242271	31,4802	9,9699	2,99607	1,00908	3113,3	771325	991
992	984064	976191488	31,4960	9,9733	2,99651	1,00806	3116,5	772882	992
993	986049	979146657	31,5119	9,9766	2,99695	1,00705	3119,6	774441	993
994	988036	982107784	31,5278	9,9800	2,99739	1,00604	3122,7	776002	994
995	990025	985074875	31,5436	9,9833	2,99782	1,00503	3125,9	777564	995
996	992016	988047936	31,5595	9,9866	2,99826	1,00402	3129,0	779128	996
997	994009	991026973	31,5753	9,9900	2,99870	1,00301	3132,2	780693	997
998	996004	994011992	31,5911	9,9933	2,99913	1,00200	3135,3	782260	998
999	998001	997002999	31,6070	9,9967	2,99957	1,00100	3138,5	783828	999

1000

N	0	1	2	3	4	5	6	7	8	9
0	— ∞	0,0000	0,6931	1,0986	1,3863	1,6094	1,7918	1,9459	2,0794	2,1972
10	2,3026	2,3979	2,4849	2,5649	2,6391	2,7081	2,7726	2,8332	2,8904	2,9444
20	2,9957	3,0445	3,0910	3,1355	3,1781	3,2189	3,2581	3,2958	3,3322	3,3673
30	3,4012	3,4340	3,4657	3,4965	3,5264	3,5553	3,5835	3,6109	3,6376	3,6636
40	3,6889	3,7136	3,7377	3,7612	3,7842	3,8067	3,8286	3,8501	3,8712	3,8918
50	3,9120	3,9318	3,9512	3,9703	3,9890	4,0073	4,0254	4,0431	4,0604	4,0775
60	4,0943	4,1109	4,1271	4,1431	4,1589	4,1744	4,1897	4,2047	4,2195	4,2341
70	4,2485	4,2627	4,2767	4,2905	4,3041	4,3175	4,3307	4,3438	4,3567	4,3694
80	4,3820	4,3944	4,4067	4,4188	4,4308	4,4427	4,4543	4,4659	4,4773	4,4886
90	4,4998	4,5109	4,5218	4,5326	4,5433	4,5539	4,5643	4,5747	4,5850	4,5951
100	4,6052	4,6151	4,6250	4,6347	4,6444	4,6540	4,6634	4,6728	4,6821	4,6913
110	4,7005	4,7095	4,7185	4,7274	4,7362	4,7449	4,7536	4,7622	4,7707	4,7791
120	4,7875	4,7958	4,8040	4,8122	4,8203	4,8283	4,8363	4,8442	4,8520	4,8598
130	4,8675	4,8752	4,8828	4,8903	4,8978	4,9053	4,9127	4,9200	4,9273	4,9345
140	4,9416	4,9488	4,9558	4,9628	4,9698	4,9767	4,9836	4,9904	4,9972	5,0039
150	5,0106	5,0173	5,0239	5,0304	5,0370	5,0434	5,0499	5,0562	5,0626	5,0689
160	5,0752	5,0814	5,0876	5,0938	5,0999	5,1059	5,1120	5,1180	5,1240	5,1299
170	5,1358	5,1417	5,1475	5,1533	5,1591	5,1648	5,1705	5,1761	5,1818	5,1874
180	5,1930	5,1985	5,2040	5,2095	5,2149	5,2204	5,2257	5,2311	5,2364	5,2417
190	5,2470	5,2523	5,2575	5,2627	5,2679	5,2730	5,2781	5,2832	5,2883	5,2933
200	5,2983	5,3033	5,3083	5,3132	5,3181	5,3230	5,3279	5,3327	5,3375	5,3423
210	5,3471	5,3519	5,3566	5,3613	5,3660	5,3706	5,3753	5,3799	5,3845	5,3891
220	5,3936	5,3982	5,4027	5,4072	5,4116	5,4161	5,4205	5,4250	5,4293	5,4337
230	5,4381	5,4424	5,4467	5,4510	5,4553	5,4596	5,4638	5,4681	5,4723	5,4765
240	5,4806	5,4848	5,4889	5,4931	5,4972	5,5013	5,5053	5,5094	5,6134	5,5175
250	5,5215	5,5255	5,5294	5,5334	5,5373	5,5413	5,5452	5,5491	5,5530	5,5568
260	5,5607	5,5645	5,5683	5,5722	5,5759	5,5797	5,5835	5,5872	5,5910	5,5947
270	5,5984	5,6021	5,6058	5,6095	5,6131	5,6168	5,6204	5,6240	5,6276	5,6312
280	5,6348	5,6384	5,6419	5,6454	5,6490	5,6525	5,6560	5,6595	5,6630	5,6664
290	5,6699	5,6733	5,6768	5,6802	5,6836	5,6870	5,6904	5,6937	5,6971	5,7004
300	5,7038	5,7071	5,7104	5,7137	5,7170	5,7203	5,7236	5,7268	5,7301	5,7333
310	5,7366	5,7398	5,7430	5,7462	5,7494	5,7526	5,7557	5,7589	5,7621	5,7652
320	5,7683	5,7714	5,7746	5,7777	5,7807	5,7838	5,7869	5,7900	5,7930	5,7961
330	5,7991	5,8021	5,8051	5,8081	5,8111	5,8141	5,8171	5,8201	5,8230	5,8260
340	5,8289	5,8319	5,8348	5,8377	5,8406	5,8435	5,8464	5,8493	5,8522	5,8551
350	5,8579	5,8608	5,8636	5,8665	5,8693	5,8721	5,8749	5,8777	5,8805	5,8833
360	5,8861	5,8889	5,8916	5,8944	5,8972	5,8999	5,9026	5,9054	5,9081	5,9011
370	5,9135	5,9162	5,9189	5,9216	5,9243	5,9269	5,9296	5,9322	5,9349	5,9375
380	5,9402	5,9428	5,9454	5,9480	5,9506	5,9532	5,9558	5,9584	5,9610	5,9636
390	5,9661	5,9687	5,9713	5,9738	5,9764	5,9789	5,9814	5,9839	5,9865	5,9890
400	5,9915	5,9940	5,9965	5,9989	6,0014	6,0039	6,0064	6,0088	6,0113	6,0137
410	6,0162	6,0186	6,0210	6,0234	6,0259	6,0283	6,0307	6,0331	6,0355	6,0379
420	6,0403	6,0426	6,0450	6,0474	6,0497	6,0521	6,0544	6,0568	6,0591	6,0615
430	6,0638	6,0661	6,0684	6,0707	6,0730	6,0753	6,0776	6,0799	6,0822	6,0845
440	6,0868	6,0890	6,0913	6,0936	6,0958	6,0981	6,1003	6,1026	6,1048	6,1070
450	6,1092	6,1115	6,1137	6,1159	6,1181	6,1203	6,1225	6,1247	6,1269	6,1291
460	6,1312	6,1334	6,1356	6,1377	6,1399	6,1420	6,1442	6,1463	6,1485	6,1506
470	6,1527	6,1549	6,1570	6,1591	6,1612	6,1633	6,1654	6,1675	6,1696	6,1717
480	6,1738	6,1759	6,1779	6,1800	6,1821	6,1841	6,1862	6,1883	6,1903	6,1924
490	6,1944	6,1964	6,1985	6,2005	6,2025	6,2046	6,2066	6,2086	6,2106	6,2126

N	0	1	2	3	4	5	6	7	8	9
500	6,2146	6,2166	6,2186	6,2206	6,2226	6,2246	6,2265	6,2285	6,2305	6,2324
510	6,2344	6,2364	6,2383	6,2403	6,2422	6,2442	6,2461	6,2480	6,2500	6,2519
520	6,2538	6,2558	6,2577	6,2596	6,2615	6,2634	6,2653	6,2672	6,2691	6,2710
530	6,2729	6,2748	6,2766	6,2785	6,2804	6,2823	6,2841	6,2860	6,2879	6,2897
540	6,2916	6,2934	6,2953	6,2971	6,2989	6,3008	6,3026	6,3044	6,3063	6,3081
550	6,3099	6,3117	6,3135	6,3154	6,3172	6,3190	6,3208	6,3226	6,3244	6,3261
560	6,3279	6,3297	6,3315	6,3333	6,3351	6,3368	6,3386	6,3404	6,3421	6,3439
570	6,3456	6,3474	6,3491	6,3509	6,3526	6,3544	6,3561	6,3578	6,3596	6,3613
580	6,3630	6,3648	6,3665	6,3682	6,3699	6,3716	6,3733	6,3750	6,3767	6,3784
590	6,3801	6,3818	6,3835	6,3852	6,3869	6,3886	6,3902	6,3919	6,3936	6,3953
600	6,3969	6,3986	6,4003	6,4019	6,4036	6,4052	6,4069	6,4085	6,4102	6,4118
610	6,4135	6,4151	6,4167	6,4184	6,4200	6,4216	6,4232	6,4249	6,4265	6,4281
620	6,4297	6,4313	6,4329	6,4345	6,4362	6,4378	6,4394	6,4409	6,4425	6,4441
630	6,4457	6,4473	6,4489	6,4505	6,4520	6,4536	6,4552	6,4568	6,4583	6,4599
640	6,4615	6,4630	6,4646	6,4661	6,4677	6,4693	6,4708	6,4723	6,4739	6,4754
650	6,4770	6,4785	6,4800	6,4816	6,4831	6,4846	6,4862	6,4877	6,4892	6,4907
660	6,4922	6,4938	6,4953	6,4968	6,4983	6,4998	6,5013	6,5028	6,5043	6,5058
670	6,5073	6,5088	6,5103	6,5117	6,5132	6,5147	6,5162	6,5177	6,5191	6,5206
680	6,5221	6,5236	6,5250	6,5265	6,5280	6,5294	6,5309	6,5323	6,5338	6,5352
690	6,5367	6,5381	6,5396	6,5410	6,5425	6,5439	6,5453	6,5468	6,5482	6,5497
700	6,5511	6,5525	6,5539	6,5554	6,5568	6,5582	6,5596	6,5610	6,5624	6,5639
710	6,5653	6,5667	6,5681	6,5695	6,5709	6,5723	6,5737	6,5751	6,5765	6,5779
720	6,5793	6,5806	6,5820	6,5834	6,5848	6,5862	6,5876	6,5889	6,5903	6,5917
730	6,5930	6,5944	6,5958	6,5971	6,5985	6,5999	6,6012	6,6026	6,6039	6,6053
740	6,6067	6,6080	6,6093	6,6107	6,6120	6,6134	6,6147	6,6161	6,6174	6,6187
750	6,6201	6,6214	6,6227	6,6241	6,6254	6,6267	6,6280	6,6294	6,6307	6,6320
760	6,6333	6,6346	6,6359	6,6373	6,6386	6,6399	6,6412	6,6425	6,6438	6,6451
770	6,6464	6,6477	6,6490	6,6503	6,6516	6,6529	6,6542	6,6554	6,6567	6,6580
780	6,6593	6,6606	6,6619	6,6631	6,6644	6,6657	6,6670	6,6682	6,6695	6,6708
790	6,6720	6,6733	6,6746	6,6758	6,6771	6,6783	6,6796	6,6809	6,6821	6,6834
800	6,6846	6,6859	6,6871	6,6884	6,6896	6,6908	6,6921	6,6933	6,6946	6,6958
810	6,6970	6,6983	6,6995	6,7007	6,7020	6,7032	6,7044	6,7056	6,7069	6,7081
820	6,7093	6,7105	6,7117	6,7130	6,7142	6,7154	6,7166	6,7178	6,7190	6,7202
830	6,7214	6,7226	6,7238	6,7250	6,7262	6,7274	6,7286	6,7298	6,7310	6,7322
840	6,7334	6,7346	6,7358	6,7370	6,7382	6,7393	6,7405	6,7417	6,7429	6,7441
850	6,7452	6,7464	6,7476	6,7488	6,7499	6,7511	6,7523	6,7534	6,7546	6,7558
860	6,7569	6,7581	6,7593	6,7604	6,7616	6,7627	6,7639	6,7650	6,7662	6,7673
870	6,7685	6,7696	6,7708	6,7719	6,7731	6,7742	6,7754	6,7765	6,7776	6,7788
880	6,7799	6,7811	6,7822	6,7833	6,7845	6,7856	6,7867	6,7878	6,7890	6,7901
890	6,7912	6,7923	6,7935	6,7946	6,7957	6,7968	6,7979	6,7991	6,8002	6,8013
900	6,8024	6,8035	6,8046	6,8057	6,8068	6,8079	6,8090	6,8101	6,8112	6,8123
910	6,8134	6,8145	6,8156	6,8167	6,8178	6,8189	6,8200	6,8211	6,8222	6,8233
920	6,8244	6,8255	6,8265	6,8276	6,8287	6,8298	6,8309	6,8320	6,8330	6,8341
930	6,8352	6,8363	6,8373	6,8384	6,8395	6,8405	6,8416	6,8427	6,8437	6,8448
940	6,8459	6,8469	6,8480	6,8491	6,8501	6,8512	6,8522	6,8533	6,8544	6,8554
950	6,8565	6,8575	6,8586	6,8596	6,8607	6,8617	6,8628	6,8638	6,8648	6,8659
960	6,8669	6,8680	6,8690	6,8701	6,8711	6,8721	6,8732	6,8742	6,8752	6,8763
970	6,8773	6,8783	6,8794	6,8804	6,8814	6,8824	6,8835	6,8845	6,8855	6,8865
980	6,8876	6,8886	6,8896	6,8906	6,8916	6,8926	6,8937	6,8947	6,8957	6,8967
990	6,8977	6,8987	6,8997	6,9007	6,9017	6,9027	6,9037	6,9047	6,9057	6,9068

Grad	Sinus 0′	10′	20′	30′	40′	50′	60′	
0	0,00000	0,00291	0,00582	0,00873	0,01164	0,01454	0,01745	89
1	0,01745	0,02036	0,02327	0,02618	0,02908	0,03199	0,03490	88
2	0,03490	0,03781	0,04071	0,04362	0,04653	0,04943	0,05234	87
3	0,05234	0,05524	0,05814	0,06105	0,06395	0,06685	0,06976	86
4	0,06976	0,07266	0,07556	0,07846	0,08136	0,08426	0,08716	85
5	0,08716	0,09005	0,09295	0,09585	0,09874	0,10164	0,10453	84
6	0,10453	0,10742	0,11031	0,11320	0,11609	0,11898	0,12187	83
7	0,12187	0,12476	0,12764	0,13053	0,13341	0,13629	0,13917	82
8	0,13917	0,14205	0,14493	0,14781	0,15069	0,15356	0,15643	81
9	0,15643	0,15931	0,16218	0,16505	0,16792	0,17078	0,17365	80
10	0,17365	0,17651	0,17937	0,18224	0,18509	0,18795	0,19081	79
11	0,19081	0,19366	0,19652	0,19937	0,20222	0,20507	0,20791	78
12	0,20791	0,21076	0,21360	0,21644	0,21928	0,22212	0,22495	77
13	0,22495	0,22778	0,23062	0,23345	0,23627	0,23910	0,24192	76
14	0,24192	0,24474	0,24756	0,25038	0,25320	0,25601	0,25882	75
15	0,25882	0,26163	0,26443	0,26724	0,27004	0,27284	0,27564	74
16	0,27564	0,27843	0,28123	0,28402	0,28680	0,28959	0,29237	73
17	0,29237	0,29515	0,29793	0,30071	0,30348	0,30625	0,30902	72
18	0,30902	0,31178	0,31454	0,31730	0,32006	0,32282	0,32557	71
19	0,32557	0,32832	0,33106	0,33381	0,33655	0,33929	0,34202	70
20	0,34202	0,34475	0,34748	0,35021	0,35293	0,35565	0,35837	69
21	0,35837	0,36108	0,36379	0,36650	0,36921	0,37191	0,37461	68
22	0,37461	0,37730	0,37999	0,38268	0,38537	0,38805	0,39073	67
23	0,39073	0,39341	0,39608	0,39875	0,40141	0,40408	0,40674	66
24	0,40674	0,40939	0,41204	0,41469	0,41734	0,41998	0,42262	65
25	0,42262	0,42525	0,42788	0,43051	0,43313	0,43575	0,43837	64
26	0,43837	0,44098	0,44359	0,44620	0,44880	0,45140	0,45399	63
27	0,45399	0,45658	0,45917	0,46175	0,46433	0,46690	0,46947	62
28	0,46947	0,47204	0,47460	0,47716	0,47971	0,48226	0,48481	61
29	0,48481	0,48735	0,48989	0,49242	0,49495	0,49748	0,50000	60
30	0,50000	0,50252	0,50503	0,50754	0,51004	0,51254	0,51504	59
31	0,51504	0,51753	0,52002	0,52250	0,52498	0,52745	0,52992	58
32	0,52992	0,53238	0,53484	0,53730	0,53975	0,54220	0,54464	57
33	0,54464	0,54708	0,54951	0,55194	0,55436	0,55678	0,55919	56
34	0,55919	0,56160	0,56401	0,56641	0,56880	0,57119	0,57358	55
35	0,57358	0,57596	0,57833	0,58070	0,58307	0,58543	0,58779	54
36	0,58779	0,59014	0,59248	0,59482	0,59716	0,59949	0,60182	53
37	0,60182	0,60414	0,60645	0,60876	0,61107	0,61337	0,61566	52
38	0,61566	0,61795	0,62024	0,62251	0,62479	0,62706	0,62932	51
39	0,62932	0,63158	0,63383	0,63608	0,63832	0,64056	0,64279	50
40	0,64279	0,64501	0,64723	0,64945	0,65166	0,65386	0,65606	49
41	0,65606	0,65825	0,66044	0,66262	0,66480	0,66697	0,66913	48
42	0,66913	0,67129	0,67344	0,67559	0,67773	0,67987	0,68200	47
43	0,68200	0,68412	0,68624	0,68835	0,69046	0,69256	0,69466	46
44	0,69466	0,69675	0,69883	0,70091	0,70298	0,70505	0,70711	45
	60′	50′	40′	30′	20′	10′	0′	Grad

Cosinus

Grad	Cosinus							Grad
	0′	10′	20′	30′	40′	50′	60′	
0	1,00000	1,00000	0,99998	0,99996	0,99993	0,99989	0,99985	89
1	0,99985	0,99979	0,99973	0,99966	0,99958	0,99949	0,99939	88
2	0,99939	0,99929	0,99917	0,99905	0,99892	0,99878	0,99863	87
3	0,99863	0,99847	0,99831	0,99813	0,99795	0,99776	0,99756	86
4	0,99756	0,99736	0,99714	0,99692	0,99668	0,99644	0,99619	85
5	0,99619	0,99594	0,99567	0,99540	0,99511	0,99482	0,99452	84
6	0,99452	0,99421	0,99390	0,99357	0,99324	0,99290	0,99255	83
7	0,99255	0,99219	0,99182	0,99144	0,99106	0,99067	0,99027	82
8	0,99027	0,98986	0,98944	0,98902	0,98858	0,98814	0,98769	81
9	0,98769	0,98723	0,98676	0,98629	0,98580	0,98531	0,98481	80
10	0,98481	0,98430	0,98378	0,98325	0,98272	0,98218	0,98163	79
11	0,98163	0,98107	0,98050	0,97992	0,97934	0,97875	0,97815	78
12	0,97815	0,97754	0,97692	0,97630	0,97566	0,97502	0,97437	77
13	0,97437	0,97371	0,97304	0,97237	0,97169	0,97100	0,97030	76
14	0,97030	0,96959	0,96887	0,96815	0,96742	0,96667	0,96593	75
15	0,96593	0,96517	0,96440	0,96363	0,96285	0,96206	0,96126	74
16	0,96126	0,96046	0,95964	0,95882	0,95799	0,95715	0,95630	73
17	0,95630	0,95545	0,95459	0,95372	0,95284	0,95195	0,95106	72
18	0,95106	0,95015	0,94924	0,94832	0,94740	0,94646	0,94552	71
19	0,94552	0,94457	0,94361	0,94264	0,94167	0,94068	0,93969	70
20	0,93969	0,93869	0,93769	0,93667	0,93565	0,93462	0,93358	69
21	0,93358	0,93253	0,93148	0,93042	0,92935	0,92827	0,92718	68
22	0,92718	0,92609	0,92499	0,92388	0,92276	0,92164	0,92050	67
23	0,92050	0,91936	0,91822	0,91706	0,91590	0,91472	0,91355	66
24	0,91355	0,91236	0,91116	0,90996	0,90875	0,90753	0,90631	65
25	0,90631	0,90507	0,90383	0,90259	0,90133	0,90007	0,89879	64
26	0,89879	0,89752	0,89623	0,89493	0,89363	0,89232	0,89101	63
27	0,89101	0,88968	0,88835	0,88701	0,88566	0,88431	0,88295	62
28	0,88295	0,88158	0,88020	0,87882	0,87743	0,87603	0,87462	61
29	0,87462	0,87321	0,87178	0,87036	0,86892	0,86748	0,86603	60
30	0,86603	0,86457	0,86310	0,86163	0,86015	0,85866	0,85717	59
31	0,85717	0,85567	0,85416	0,85264	0,85112	0,84959	0,84805	58
32	0,84805	0,84650	0,84495	0,84339	0,84182	0,84025	0,83867	57
33	0,83867	0,83708	0,83549	0,83389	0,83228	0,83066	0,82904	56
34	0,82904	0,82741	0,82577	0,82413	0,82248	0,82082	0,81915	55
35	0,81915	0,81748	0,81580	0,81412	0,81242	0,81072	0,80902	54
36	0,80902	0,80730	0,80558	0,80386	0,80212	0,80038	0,79864	53
37	0,79864	0,79688	0,79512	0,79335	0,79158	0,78980	0,78801	52
38	0,78801	0,78622	0,78442	0,78261	0,78079	0,77897	0,77715	51
39	0,77715	0,77531	0,77347	0,77162	0,76977	0,76791	0,76604	50
40	0,76604	0,76417	0,76229	0,76041	0,75851	0,75661	0,75471	49
41	0,75471	0,75280	0,75088	0,74896	0,74703	0,74509	0,74314	48
42	0,74314	0,74120	0,73924	0,73728	0,73531	0,73333	0,73135	47
43	0,73135	0,72937	0,72737	0,72537	0,72337	0,72136	0,71934	46
44	0,71934	0,71732	0,71529	0,71325	0,71121	0,70916	0,70711	45
	60′	50′	40′	30′	20′	10′	0′	Grad
	Sinus							

Grad	Tangens							Grad
	0′	10′	20′	30′	40′	50′	60′	
0	0,00000	0,00291	0,00582	0,00873	0,01164	0,01455	0,01746	89
1	0,01746	0,02036	0,02328	0,02619	0,02910	0,03201	0,03492	88
2	0,03492	0,03783	0,04075	0,04366	0,04658	0,04949	0,05241	87
3	0,05241	0,05533	0,05824	0,06116	0,06408	0,06700	0,06993	86
4	0,06993	0,07285	0,07578	0,07870	0,08163	0,08456	0,08749	85
5	0,08749	0,09042	0,09335	0,09629	0,09923	0,10216	0,10510	84
6	0,10510	0,10805	0,11099	0,11394	0,11688	0,11983	0,12278	83
7	0,12278	0,12574	0,12869	0,13165	0,13461	0,13758	0,14054	82
8	0,14054	0,14351	0,14648	0,14945	0,15243	0,15540	0,15838	81
9	0,15838	0,16137	0,16435	0,16734	0,17033	0,17333	0,17633	80
10	0,17633	0,17933	0,18233	0,18534	0,18835	0,19136	0,19438	79
11	0,19438	0,19740	0,20042	0,20345	0,20648	0,20952	0,21256	78
12	0,21256	0,21560	0,21864	0,22169	0,22475	0,22781	0,23087	77
13	0,23087	0,23393	0,23700	0,24008	0,24316	0,24624	0,24933	76
14	0,24933	0,25242	0,25552	0,25862	0,26172	0,26483	0,26795	75
15	0,26795	0,27107	0,27419	0,27732	0,28046	0,28360	0,28675	74
16	0,28675	0,28990	0,29305	0,29621	0,29938	0,30255	0,30573	73
17	0,30573	0,30891	0,31210	0,31530	0,31850	0,32171	0,32492	72
18	0,32492	0,32814	0,33136	0,33460	0,33783	0,34108	0,34433	71
19	0,34433	0,34758	0,35085	0,35412	0,35740	0,36068	0,36397	70
20	0,36397	0,36727	0,37057	0,37388	0,37720	0,38053	0,38386	69
21	0,38386	0,38721	0,39055	0,39391	0,39727	0,40065	0,40403	68
22	0,40403	0,40741	0,41081	0,41421	0,41763	0,42105	0,42447	67
23	0,42447	0,42791	0,43136	0,43481	0,43828	0,44175	0,44523	66
24	0,44523	0,44872	0,45222	0,45573	0,45924	0,46277	0,46631	65
25	0,46631	0,46985	0,47341	0,47698	0,48055	0,48414	0,48773	64
26	0,48773	0,49134	0,49495	0,49858	0,50222	0,50587	0,50953	63
27	0,50953	0,51319	0,51688	0,52057	0,52427	0,52798	0,53171	62
28	0,53171	0,53545	0,53920	0,54296	0,54637	0,55051	0,55431	61
29	0,55431	0,55812	0,56194	0,56577	0,56962	0,57348	0,57735	60
30	0,57735	0,58124	0,58513	0,58905	0,59297	0,59691	0,60086	59
31	0,60086	0,60483	0,60881	0,61280	0,61681	0,62083	0,62487	58
32	0,62487	0,62892	0,63299	0,63707	0,64117	0,64528	0,64941	57
33	0,64941	0,65355	0,65771	0,66189	0,66608	0,67028	0,67451	56
34	0,67451	0,67875	0,68301	0,68728	0,69157	0,69588	0,70021	55
35	0,70021	0,70455	0,70891	0,71329	0,71769	0,72211	0,72654	54
36	0,72654	0,73100	0,73547	0,73996	0,74447	0,74900	0,75355	53
37	0,75355	0,75812	0,76272	0,76733	0,77196	0,77661	0,78129	52
38	0,78129	0,78598	0,79070	0,79544	0,80020	0,80498	0,80978	51
39	0,80978	0,81461	0,81946	0,82434	0,82923	0,83415	0,83910	50
40	0,83910	0,84407	0,84906	0,85408	0,85912	0,86419	0,86929	49
41	0,86929	0,87441	0,87955	0,88473	0,88992	0,89515	0,90040	48
42	0,90040	0,90569	0,91099	0,91633	0,92170	0,92709	0,93252	47
43	0,93252	0,93797	0,94345	0,94896	0,95451	0,96008	0,96569	46
44	0,96569	0,97133	0,97700	0,98270	0,98843	0,99420	1,00000	45
	60′	50′	40′	30′	20′	10′	0′	Grad
	Cotangens							

Grad	Cotangens							Grad
	0′	10′	20′	30′	40′	50′	60′	
0	∞	343,77371	171,88540	114,58865	85,93979	68,75009	57,28996	89
1	57,28996	49,10388	42,96408	38,18846	34,36777	31,24158	28,63625	88
2	28,63625	26,43160	24,54176	22,90377	21,47040	20,20555	19,08114	87
3	19,08114	18,07498	17,16934	16,34986	15,60478	14,92442	14,30067	86
4	14,30067	13,72674	13,19688	12,70621	12,25051	11,82617	11,43005	85
5	11,43005	11,05943	10,71191	10,38540	10,07803	9,78817	9,51436	84
6	9,51436	9,25530	9,00983	8,77689	8,55555	8,34496	8,14435	83
7	8,14435	7,95302	7,77035	7,59575	7,42871	7,26873	7,11537	82
8	7,11537	6,96823	6,82694	6,69116	6,56055	6,43484	6,31375	81
9	6,31375	6,19703	6,08444	5,97576	5,87080	5,76937	5,67128	**80**
10	5,67128	5,57638	5,48451	5,39552	5,30928	5,22566	5,14455	79
11	5,14455	5,06584	4,98940	4,91516	4,84300	4,77286	4,70463	78
12	4,70463	4,63825	4,57363	4,51071	4,44942	4,38969	4,33148	77
13	4,33148	4,27471	4,21933	4,16530	4,11256	4,06107	4,01078	76
14	4,01078	3,96165	3,91364	3,86671	3,82083	3,77595	3,73205	75
15	3,73205	3,68909	3,64705	3,60588	3,56557	3,52609	3,48741	74
16	3,48741	3,44951	3,41236	3,37594	3,34023	3,30521	3,27085	73
17	3,27085	3,23714	3,20406	3,17159	3,13972	3,10842	3,07768	72
18	3,07768	3,04749	3,01782	2,98869	2,96004	2,93189	2,90421	71
19	2,90421	2,87700	2,85023	2,82391	2,79802	2,77254	2,74748	**70**
20	2,74748	2,72281	2,69853	2,67462	2,65109	2,62791	2,60509	69
21	2,60509	2,58261	2,56046	2,53865	2,51715	2,49597	2,47509	68
22	2,47509	2,45451	2,43422	2,41421	2,39449	2,37504	2,35585	67
23	2,35585	2,33693	2,31826	2,29984	2,28167	2,26374	2,24604	66
24	2,24604	2,22857	2,21132	2,19430	2,17749	2,16090	2,14451	65
25	2,14451	2,12832	2,11233	2,09654	2,08094	2,06553	2,05030	64
26	2,05030	2,03526	2,02039	2,00569	1,99116	1,97680	1,96261	63
27	1,96261	1,94858	1,93470	1,92098	1,90741	1,89400	1,88073	62
28	1,88073	1,86760	1,85462	1,84177	1,82906	1,81649	1,80405	61
29	1,80405	1,79174	1,77955	1,76749	1,75556	1,74375	1,73205	**60**
30	1,73205	1,72047	1,70901	1,69766	1,68643	1,67530	1,66428	59
31	1,66428	1,65337	1,64256	1,63185	1,92125	1,61074	1,60033	58
32	1,60033	1,59002	1,57981	1,56969	1,55966	1,54972	1,53987	57
33	1,53987	1,53010	1,52043	1,51084	1,50133	1,49190	1,48256	56
34	1,48256	1,47330	1,46411	1,45501	1,44598	1,43703	1,42815	55
35	1,42815	1,41934	1,41061	1,40195	1,39336	1,38484	1,37638	54
36	1,37638	1,36800	1,35968	1,35142	1,34323	1,33511	1,32704	53
37	1,32704	1,31904	1,31110	1,30323	1,29541	1,28764	1,27994	52
38	1,27994	1,27230	1,26471	1,25717	1,24969	1,24227	1,23490	51
39	1,23490	1,22758	1,22031	1,21310	1,20593	1,19882	1,19175	**50**
40	1,19175	1,18474	1,17777	1,17085	1,16398	1,15715	1,15037	49
41	1,15037	1,14363	1,13694	1,13029	1,12369	1,11713	1,11061	48
42	1,11061	1,10414	1,09770	1,09131	1,08496	1,07864	1,07237	47
43	1,07237	1,06613	1,05994	1,05378	1,04766	1,04158	1,03553	46
44	1,03553	1,02952	1,02355	1,01761	1,01170	1,00583	1,00000	45
	60′	50′	40′	30′	20′	10′	0′	Grad

Tangens

28 **D. Bogenlängen, Bogenhöhen, Sehnenlängen und Kreis-**
abschnitte für den Halbmesser = 1.

Centriwinkel in Grad	Bogenlänge	Bogenhöhe	Sehnenlänge	Inhalt des Kreisabschnittes	Centriwinkel in Grad	Bogenlänge	Bogenhöhe	Sehnenlänge	Inhalt des Kreisabschnittes
1	0,0175	0,0000	0,0175	0,00000	46	0,8029	0,0795	0,7815	0,04176
2	0,0349	0,0002	0,0349	0,00000	47	0,8203	0,0829	0,7975	0,04448
3	0,0524	0,0003	0,0524	0,00001	48	0,8378	0,0865	0,8135	0,04731
4	0,0698	0,0006	0,0698	0,00003	49	0,8552	0,0900	0,8294	0,05025
5	0,0873	0,0010	0,0872	0,00006	50	0,8727	0,0937	0,8452	0,05331
6	0,1047	0,0014	0,1047	0,00010	51	0,8901	0,0974	0,8610	0,05649
7	0,1222	0,0019	0,1221	0,00015	52	0,9076	0,1012	0,8767	0,05978
8	0,1396	0,0024	0,1395	0,00023	53	0,9250	0,1051	0,8924	0,06319
9	0,1571	0,0031	0,1569	0,00032	54	0,9425	0,1090	0,9080	0,06673
10	0,1745	0,0038	0,1743	0,00044	55	0,9599	0,1130	0,9235	0,07039
11	0,1920	0,0046	0,1917	0,00059	56	0,9774	0,1171	0,9389	0,07417
12	0,2094	0,0055	0,2091	0,00076	57	0,9948	0,1212	0,9543	0,07808
13	0,2269	0,0064	0,2264	0,00097	58	1,0123	0,1254	0,9696	0,08212
14	0,2443	0,0075	0,2437	0,00121	59	1,0297	0,1296	0,9848	0,08629
15	0,2618	0,0086	0,2611	0,00149	60	1,0472	0,1340	1,0000	0,09059
16	0,2793	0,0097	0,2783	0,00181	61	1,0647	0,1384	1,0151	0,09502
17	0,2967	0,0110	0,2956	0,00217	62	1,0821	0,1428	1,0301	0,09958
18	0,3142	0,0123	0,3129	0,00257	63	1,0996	0,1474	1,0450	0,10428
19	0,3316	0,0137	0,3301	0,00302	64	1,1170	0,1520	1,0598	0,10911
20	0,3491	0,0152	0,3473	0,00352	65	1,1345	0,1566	1,0746	0,11408
21	0,3665	0,0167	0,3645	0,00408	66	1,1519	0,1613	1,0893	0,11919
22	0,3840	0,0184	0,3816	0,00468	67	1,1694	0,1661	1,1039	0,12443
23	0,4014	0,0201	0,3987	0,00535	68	1,1868	0,1710	1,1184	0,12982
24	0,4189	0,0219	0,4158	0,00607	69	1,2043	0,1759	1,1328	0,13535
25	0,4363	0,0237	0,4329	0,00686	70	1,2217	0,1808	1,1472	0,14102
26	0,4538	0,0256	0,4499	0,00771	71	1,2392	0,1859	1,1614	0,14683
27	0,4712	0,0276	0,4669	0,00862	72	1,2566	0,1910	1,1756	0,15279
28	0,4887	0,0297	0,4838	0,00961	73	1,2741	0,1961	1,1896	0,15889
29	0,5061	0,0319	0,5008	0,01067	74	1,2915	0,2014	1,2036	0,16514
30	0,5236	0,0341	0,5176	0,01180	75	1,3090	0,2066	1,2175	0,17154
31	0,5411	0,0364	0,5345	0,01301	76	1,3265	0,2120	1,2313	0,17808
32	0,5585	0,0387	0,5512	0,01429	77	1,3439	0,2174	1,2450	0,18477
33	0,5760	0,0412	0,5680	0,01566	78	1,3614	0,2229	1,2586	0,19160
34	0,5934	0,0437	0,5847	0,01711	79	1,3788	0,2284	1,2722	0,19859
35	0,6109	0,0463	0,6014	0,01864	80	1,3963	0,2340	1,2856	0,20573
36	0,6283	0,0489	0,6180	0,02027	81	1,4137	0,2396	1,2989	0,21301
37	0,6458	0,0517	0,6346	0,02198	82	1,4312	0,2453	1,3121	0,22045
38	0,6632	0,0545	0,6511	0,02378	83	1,4486	0,2510	1,3252	0,22804
39	0,6807	0,0574	0,6676	0,02568	84	1,4661	0,2569	1,3383	0,23578
40	0,6981	0,0603	0,6840	0,02767	85	1,4835	0,2627	1,3512	0,24367
41	0,7156	0,0633	0,7004	0,02976	86	1,5010	0,2686	1,3640	0,25171
42	0,7330	0,0664	0,7167	0,03195	87	1,5184	0,2746	1,3767	0,25990
43	0,7505	0,0696	0,7330	0,03425	88	1,5359	0,2807	1,3893	0,26825
44	0,7679	0,0728	0,7492	0,03664	89	1,5533	0,2867	1,4018	0,27675
45	0,7854	0,0761	0,7654	0,03915	90	1,5708	0,2929	1,4142	0,28540

Ist r der Kreishalbmesser und φ der Centriwinkel in Grad, so ergibt sich:

1) die Sehnenlänge: $s = 2\,r\sin\dfrac{\varphi}{2}$;

2) die Bogenhöhe: $h = r\left(1 - \cos\dfrac{\varphi}{2}\right) = \dfrac{s}{2}\,\mathrm{tg}\,\dfrac{\varphi}{4} = 2\,r\sin^2\dfrac{\varphi}{4}$;

Centriwinkel in Grad	Bogenlänge	Bogenhöhe	Sehnenlänge	Inhalt des Kreisabschnittes	Centriwinkel in Grad	Bogenlänge	Bogenhöhe	Sehnenlänge	Inhalt des Kreisabschnittes
91	1,5882	0,2991	1,4265	0,29420	136	2,3736	0,6254	1,8544	0,83949
92	1,6057	0,3053	1,4387	0,30316	137	2,3911	0,6335	1,8608	0,85455
93	1,6232	0,3116	1,4507	0,31226	138	2,4086	0,6416	1,8672	0,86971
94	1,6406	0,3180	1,4627	0,32152	139	2,4260	0,6498	1,8733	0,88497
95	1,6580	0,3244	1,4746	0,33093	140	2,4435	0,6580	1,8794	0,90034
96	1,6755	0,3309	1,4863	0,34050	141	2,4609	0,6662	1,8853	0,91580
97	1,6930	0,3374	1,4979	0,35021	142	2,4784	0,6744	1,8910	0,93135
99	1,7104	0,3439	1,5094	0,36008	143	2,4958	0,6827	1,8966	0,94700
98	1,7279	0,3506	1,5208	0,37009	144	2,5133	0,6910	1,9021	0,96274
100	1,7453	0,3572	1,5321	0,38026	145	2,5307	0,6993	1,9074	0,97858
101	1,7628	0,3639	1,5432	0,39058	146	2,5482	0,7076	1,9126	0,99449
102	1,7802	0,3707	1,5543	0,40104	147	2,5656	0,7160	1,9176	1,01050
103	1,7977	0,3775	1,5652	0,41166	148	2,5831	0,7244	1,9225	1,02658
104	1,8151	0,3843	1,5760	0,42242	149	2,6005	0,7328	1,9273	1,04275
105	1,8326	0,3912	1,5867	0,43333	150	2,6180	0,7412	1,9319	1,05900
106	1,8500	0,3982	1,5973	0,44439	151	2,6354	0,7496	1,9363	1,07532
107	1,8675	0,4052	1,6077	0,45560	152	2,6529	0,7581	1,9406	1,09171
108	1,8850	0,4122	1,6180	0,46695	153	2,6704	0,7666	1,9447	1,10818
109	1,9024	0,4193	1,6282	0,47844	154	2,6878	0,7750	1,9487	1,12472
110	1,9199	0,4264	1,6383	0,49008	155	2,7053	0,7836	1,9526	1,14132
111	1,9373	0,4336	1,6483	0,50187	156	2,7227	0,7921	1,9563	1,15799
112	1,9548	0,4408	1,6581	0,51379	157	2,7402	0,8006	1,9598	1,17472
113	1,9722	0,4481	1,6678	0,52586	158	2,7576	0,8092	1,9633	1,19151
114	1,9897	0,4554	1,6773	0,53807	159	2,7751	0,8178	1,9665	1,20835
115	2,0071	0,4627	1,6868	0,55041	160	2,7925	0,8264	1,9696	1,22525
116	2,0246	0,4701	1,6961	0,56289	161	2,8100	0,8350	1,9726	1,24221
117	2,0420	0,4775	1,7053	0,57551	162	2,8274	0,8436	1,9754	1,25921
118	2,0595	0,4850	1,7143	0,58827	163	2,8449	0,8522	1,9780	1,27626
119	2,0769	0,4925	1,7233	0,60116	164	2,8623	0,8608	1,9805	1,29335
120	2,0944	0,5000	1,7321	0,61418	165	2,8798	0,8695	1,9829	1,31049
121	2,1118	0,5076	1,7407	0,62734	166	2,8972	0,8781	1,9851	1,32766
122	2,1293	0,5152	1,7492	0,64063	167	2,9147	0,8868	1,9871	1,34487
123	2,1468	0,5228	1,7576	0,65404	168	2,9322	0,8955	1,9890	1,36212
124	2,1642	0,5305	1,7659	0,66759	169	2,9496	0,9042	1,9908	1,37940
125	2,1817	0,5383	1,7740	0,68125	170	2,9671	0,9128	1,9924	1,39671
126	2,1991	0,5460	1,7820	0,69505	171	2,9845	0,9215	1,9938	1,41404
127	2,2166	0,5538	1,7899	0,70897	172	3,0020	0,9302	1,9951	1,43140
128	2,2340	0,5616	1,7976	0,72301	173	3,0194	0,9390	1,9963	1,44878
129	2,2515	0,5695	1,8052	0,73716	174	3,0369	0,9477	1,9973	1,46617
130	2,2689	0,5774	1,8126	0,75144	175	3,0543	0,9564	1,9981	1,48359
131	2,2864	0,5853	1,8199	0,76584	176	3,0718	0,9651	1,9988	1,50101
132	2,3038	0,5933	1,8271	0,78034	177	3,0892	0,9738	1,9993	1,51845
133	2,3213	0,6013	1,8341	0,79497	178	3,1067	0,9825	1,9997	1,53589
134	2,3387	0,6093	1,8410	0,80970	179	3,1241	0,9913	1,9999	1,55334
135	2,3562	0,6173	1,8478	0,82454	180	2,1416	1,0000	2,0000	1,57080

3) die Bogenlänge: $l = \pi r \dfrac{\varphi}{180} = 0{,}017453\, r\, \varphi = \sqrt{s^2 + \dfrac{16}{3} h^2}$ (angenähert);

4) der Inhalt des Kreisabschnittes $= \dfrac{r^2}{2}\left(\dfrac{\pi}{180}\,\varphi - \sin\varphi\right)$;

5) „   „   „ Kreisausschnittes $= \dfrac{\varphi}{360}\,\pi r^2 = 0{,}00872665\, r^2$.

E. Wichtige Zahlenwerte.

Größe	n	$\lg n$	Größe	n	$\lg n$	Größe	n	$\lg n$
π	3,1415927	0,49715	g	9,81	0,99167	$\sqrt[3]{3:\pi}$	0,984745	0,99332-1
2π	6.2831853	0,79818	g^2	96,2361	1,98334	$1:2g$	0,050968	0,70830-2
3π	9,4247780	0,97427	$\sqrt{g}$	3,1320919	0,49583	$2\sqrt{g}$	6,264184	0,79686
$\pi:2$	1,5707963	0,19612	$\pi:\sqrt{2}$	2,221442	0,34663	$\sqrt{2g}$	4,429447	0,64635
$\pi:3$	1,0471976	0,02003	$2\sqrt{\pi}$	3,544908	0,54960	$\pi\sqrt{g}$	9,839757	0.99298
$\pi:4$	0,7853982	0,89509-1	$\sqrt{2\pi}$	2,506628	0,39909	$\pi\sqrt{2g}$	13,91536	1,14350
π^2	9,8696044	0,99430	$\sqrt{\pi:2}$	1,253314	0,09806	$\pi:\sqrt{g}$	1,003033	0,00132
π^3	31,006277	1,49145	$\sqrt{2:\pi}$	0,797885	0,90194-1	$\pi:\sqrt{2g}$	0,709252	0,85080-1
$\sqrt{\pi}$	1,7724539	0,24857	$\sqrt{3:\pi}$	0,977205	0,98998-1	e	2,718282	0,43429
$\sqrt[\ ]{\pi}$	1,4645919	0,16572	$\sqrt[3]{2\pi}$	1,845261	0,26606	e^2	7,389056	0.86859
$4\pi^2$	39,478418	1,59636	$\sqrt[3]{\pi:2}$	1,162447	0,06537	$1:e$	0,367879	0,56571-1
$\pi^2:4$	2,4674011	0,39224	$\sqrt[3]{\pi:4}$	0,922635	0,96503-1	$1:e^2$	0,135335	0,13141-1
$\pi\sqrt{2}$	4,4428829	0,64967	$\sqrt[3]{2:\pi}$	0,860254	0,93463-1	$\sqrt{e}$	1,648721	0.22715
						$\sqrt[3]{e}$	1,395612	,14476

Tabelle I. Whitworthsches Gewinde.

| Äußerer Durchmesser des Gewindes d | | Kern- | | Anzahl der Gewindegänge | | Höhe der Mutter, abgerundet h_1 | Höhe des Kopfes, abgerundet h_0 | Schlüsselweite, abgerundet s_0 | $Q = {}^1/_4\, \pi\, d_1{}^2\, k_z$, wenn (in kg/qcm) | |
| | | Durchmesser d_1 | Querschnitt $\dfrac{\pi\, d_1{}^2}{4}$ | auf einen engl. Z. | auf die Länge d | | | | $k_z = 480$ | $k_z = 600$ |
engl. Z.	mm	mm	qcm	Z.	d	mm	mm	mm	kg	kg
$^1/_4$	6,35	4,72	0,175	20	5	6	4	13	85	105
$^5/_{16}$	7,94	6,13	0,295	18	$5^5/_8$	8	6	16	140	175
$^3/_8$	9,52	7,49	0,441	16	6	10	7	19	210	265
$^7/_{16}$	11,11	8,79	0,607	14	$6^1/_8$	11	8	21	290	365
$^1/_2$	12,70	9,99	0,784	12	6	13	9	23	375	470
$^5/_8$	15,87	12,92	1,311	11	$6^7/_8$	16	11	27	630	785
$^3/_4$	19,05	15,80	1,961	10	$7^1/_2$	19	13	33	940	1 175
$^7/_8$	22,22	18,61	2,720	9	$7^7/_8$	22	15	36	1 305	1 630
1	25,40	21,33	3,573	8	8	25	18	40	1 715	2 145
$1^1/_8$	28,57	23,93	4,498	7	$7^7/_8$	29	20	45	2 160	2 700
$1^1/_4$	31,75	27,10	5,768	7	$8^3/_4$	32	22	50	2 770	3 460
$1^3/_8$	34,92	29,50	6,835	6	$8^1/_4$	35	24	54	3 280	4 100
$1^1/_2$	38,10	32,68	8,388	6	9	38	27	58	4 030	5 030
$1^5/_8$	41,27	34,77	9,495	5	$8^1/_8$	41	29	63	4 560	5 700
$1^3/_4$	44,45	37,94	11,31	5	$8^3/_4$	44	32	67	5 430	6 780
$1^7/_8$	47,62	40,40	12,82	$4^1/_2$	$8^7/_{16}$	48	34	72	6 150	7 690
2	50,80	43,57	14,91	$4^1/_2$	9	51	36	76	7 160	8 950

Äußerer Durchmesser des Gewindes d		Kern- Durchmesser d	Kern- Querschnitt $\frac{\pi d_1^2}{4}$	Anzahl der Gewindegänge		Höhe der Mutter, abgerundet h_1	Höhe des Kopfes, abgerundet h_0	Schlüsselweite, abgerundet s_0	$Q = {}^1/_4\,\pi\,d_1^2\,k_z$, wenn (in kg/qcm	
				auf einen engl. Z.	auf die Länge d				$k_z = 480$	$k_z = 600$
engl. Z.	mm	mm	qcm	Z.	d	mm	mm	mm	kg	kg
$2^1/_4$	57,15	49,02	18,87	4	9	57	40	85	9 060	11 320
$2^1/_2$	63,50	55,37	24,08	4	10	64	45	94	11 560	14 450
$2^3/_4$	69,85	60,55	28,80	$3^1/_2$	$9^5/_8$	70	49	103	13 820	17 280
3	76,20	66,90	35,15	$3^1/_2$	$10^1/_2$	76	53	112	16 870	21 090
$3^1/_4$	82,55	72,57	41,36	$3^1/_4$	$10^9/_{16}$	83	58	121	19 850	24 820
$3^1/_2$	88,90	78,92	48,92	$3^1/_4$	$11^3/_8$	89	62	130	23 480	29 350
$3^3/_4$	95,25	84,40	55,95	3	$11^1/_4$	95	67	138	26 860	33 570
4	101,60	90,75	64,68	3	12	102	71	147	31 050	38 810
$4^1/_4$	107,95	96,65	73,37	$2^7/_8$	$12^7/_{32}$	108	76	156	35 220	44 020
$4^1/_2$	114,30	102,98	83,29	$2^7/_8$	$12^{15}/_{16}$	114	80	165	39 980	49 970
$4^3/_4$	120,65	108,84	93,04	$2^3/_4$	$13^1/_{16}$	121	85	174	44 660	55 820
5	127,00	115,19	104,2	$2^3/_4$	$13^3/_4$	127	89	183	50 020	62 530
$5^1/_4$	133,35	121,67	116,3	$2^5/_8$	$13^{25}/_{32}$	133	93	192	55 810	69 760
$5^1/_2$	139,70	127,51	127,7	$2^5/_8$	$14^7/_{16}$	140	98	201	61 300	76 620
$5^3/_4$	146,05	133,05	139,0	$2^1/_2$	$14^3/_8$	146	102	209	66 740	83 420
	152,40	139,39	152,6	$2^1/_2$	15	152	106	218	73 250	91 560

Tabelle III. Gewinde für Gasrohre.[1]

Lichter Rohrdurchmesser D		Äußerer Gewindedurchmesser d		Kerndurchmesser d_1		Anzahl der Gänge auf einen engl. Z.
engl. Z.	mm	engl. Z.	mm	engl. Z.	mm	
$^1/_8$	3,175	0,3825	9,7153	0,3367	8,5520	28
$^1/_4$	6,350	0,5180	13,1569	0,4506	11,4450	19
$^3/_8$	9,525	0,6563	16,6697	0,5889	14,9578	19
$^1/_2$	12,700	0,8257	20,9724	0,7342	18,6483	14
$^5/_8$	15,875	0,9022	22,9154	0,8107	20,5913	14
$^3/_4$	19,050	1,0410	26,4409	0,9495	24,1168	14
$^7/_8$	22,225	1,1890	30,2000	1,0975	27,8759	14
1	25,400	1,3090	33,2479	1,1925	30,2889	11
$1^1/_8$	28,574	1,4920	37,8961	1,3755	34,9371	11
$1^1/_4$	31,749	1,6500	41,9092	1,5335	38,9502	11
$1^3/_8$	34,924	1,7450	44,3221	1,6285	41,3631	11
$1^1/_2$	38,099	1,8825	47,8146	1,7660	44,8556	11
$1^5/_8$	41,274	2,0210	51,3324	1,9045	48,3734	11
$1^3/_4$	44,449	2,0470	51,9927	1,9305	49,0337	11
2	50,799	2,3470	59,6126	2,2305	56,6536	11
$2^1/_4$	57,149	2,5875	65,7212	2,4710	62,7622	11
$2^1/_2$	63,499	3,0013	76,2315	2,8848	73,2725	11
$2^3/_4$	69,849	3,2470	82,4722	3,1305	79,5132	11
3	76,199	3,4850	88,5173	3,3685	85,5583	11

a) Eisen und Stahl.

Eisensorte	$E=\dfrac{1}{\alpha}$ kg/qcm	$G=\dfrac{1}{\beta}$ kg/qcm	σ_p kg/qcm	σ_f kg/qcm	K_z kg/qcm	K kg/qcm
Schweißeisen, zur Sehnenrichtung	2 000 000	770 000	1300 und mehr	1800 und mehr	3300 bis 4000	σ_f maßgbd.
Flußeisen . .	2 150 000	830 000	1800 und mehr	1900 und mehr	3400 bis 5000	σ_f maßgbd.
Flußstahl . .	2 200 000	850 000	2500 bis 6000[1])	2800 u. mehr; härteres Material keine ausgeprägte Streckgrenze	4500 bis 10 000 und mehr	wenn weich, so ist σ_f maßgebend; wenn hart, so $K \geqq K_z$.
Federstahl, ungehärtet	2 200 000	850 000	5000 u. mehr	.	bis 10 000 u. mehr	.
gehärtet	2 200 000	850 000	7500 u. mehr	.	bis 17 000 u. mehr	.
Stahlguß . .	2 150 000	830 000	2000 u. mehr	2100 u. mehr	3500 bis 7000[2]) u. mehr	wie bei Flußstahl.
Gußeisen . .	750 000 bis 1 050 000	290 000 bis 400 000	σ_p u. σ_f nicht vorhanden. Für Zug: $\varepsilon = \dfrac{1}{1250000}\sigma^{1,1}$; für Druck: $\varepsilon = \dfrac{1}{1180000}\sigma^{1,05}$.		1200 bis 2400	7000 bis 8500

b) Kupfer und Kupferlegierungen.

Metallsorte	$E=\dfrac{1}{\alpha}$ kg/qcm	σ_p kg/qcm	K_z kg/qcm	φ %	ψ %
Kupferblech, gewalzt . .	1 150 000	.	2000—2300	35—38	45—50
Messing, gegossen . . .	800 000	650	1500	13	17,5
Rotguß	900 000	900	2000	6—20	10,52
Geschützbronze . . .	1 100 000	300	3000	.	.
„ verdichtet	1 100 000	900	3200	.	.
Phosphorbronze, gegossen .	.	.	2400	.	.
Deltametall, Rohguß . .	.	.	3600—6100	6—43	11—37
„ gewalzt .	.	.	6800—7000	19—23	22—29
gepreßt .	.	.	5500—6600	15—21	42—48
„ geschmiedet .	.	.	4300—4700	31—40	32—53
Örlikoner Bronze . . Nr. A, überschmiedet . .	.	2800	4400—5600	15—25	.

Zulässige Spannungen in kg/qcm, nach C. v. Bach:

Art der Festigkeit und Belastung		Schweiß-eisen[1]	Fluß-eisen[2]		Fluß-stahl[2]		Stahlguß		Gußeisen	Kupferblech gewalzt
			von	bis	von	bis	von	bis		
Zug. k_z	I.	900	900	1200	1200	1500	600	900	300	600[5])
	II.	600	600	800	800	1000	400	600	200	300
	III.	300	300	400	400	500	200	300	100	.
Druck. k	I.	900	900	1200	1200	1500	900	1200	900	.
	II.	600	600	800	800	1000	600	900	600	.
Biegung. k_b	I.	900	900	1200	1200	1500	750	1050	.[3])	.
	II.	600	600	800	800	1000	500	700		.
	III.	300	300	400	400	500	250	350		.
Schub. k_s	I.	720	720	960	960	1200	480	840	300	.
	II.	480	480	640	640	800	320	560	200	.
	III.	240	240	320	320	400	160	280	100	.
Drehung. k_d	I.	360	600	840	900	1200	480	840	.[4])	.
	II.	240	400	560	600	800	320	560		.
	III.	120	200	280	300	400	160	280		.

Triebwerkdrahtseile

von Felten & Guilleaume, Lahmeyerwerke A.-G. in Mülheim (Rhein).

I.

Für normale Seilscheibendurchmesser:

$$D = 150\,d \text{ bis } 175\,d.$$

Kleinster zulässiger Durchmesser der Seilscheiben	Durchmesser des Seiles	Zahl der Drähte im Seile	Dicke der Drähte im Seile	Ungefähres Gewicht des Seiles	Kleinster zulässiger Durchmesser der Seilscheiben	Durchmesser des Seiles	Zahl der Drähte im Seile	Dicke der Drähte im Seile	Ungefähres Gewicht des Seiles
mm	mm	Stück	mm	kg/lfd. m	mm	mm	Stück	mm	kg/lfd. m
1000	9	36	1,0	0,26	1600	16	42	1,6	0,79
1000	10	42	1,0	0,31	1600	18	48	1,6	0,91
1200	11	36	1,2	0,38	1800	20	48	1,8	1,15
1200	12	42	1,2	0,45	1800	22	54	1,8	1,30
1400	13	36	1,4	0,51	1200	24	60	1,8	1,46
1400	14	42	1,4	0,61	2250	26	60	2,0	1,80
1500	15	48	1,4	0,70					

II.

Für kleine Seilscheibendurchmesser:

$$D = 120\,d \text{ bis } 150\,d.$$

Kleinster zulässiger Durchmesser der Seilscheiben	Durchmesser des Seiles	Zahl der Drähte im Seile	Dicke der Drähte im Seile	Ungefähres Gewicht des Seiles	Kleinster zulässiger Durchmesser der Seilscheiben	Durchmesser des Seiles	Zahl der Drähte im Seile	Dicke der Drähte im Seile	Ungefähres Gewicht des Seiles
mm	mm	Stück	mm	kg/lfd. m	mm	mm	Stück	mm	kg/lfd. m
1000	11	48	1,0	0,36	1400	22	80	1,4	1,20
1000	12	54	1,0	0,40	1500	24	88	1,4	1,33
1000	13	60	1,0	0,45	1600	26	80	1,6	1,56
1000	14	64	1,0	0,48	1750	28	88	1,6	1,73
1000	15	72	1,0	0,55	1900	30	80	1,8	1,98
1200	16	64	1,2	0,69	2000	32	88	1,8	2,19
1200	18	72	1,2	0,79	2250	34	96	1,8	2,41
1200	20	80	1 2	0,88					

III.

Eisendraht (statt Hanf) in den Litzen.

(Nur für große Achsenabstände und große Seilscheiben.)

Kleinster zulässiger Seilscheibendurchmesser mm	Drahtdicke mm	Durchmesser des Seiles mm	Zahl der Drähte im Seile	Ungefähres Gewicht des Seiles kg/lfd. m	Kleinster zulässiger Seilscheibendurchmesser mm	Drahtdicke mm	Durchmesser des Seiles mm	Zahl der Drähte im Seile	Ungefähres Gewicht des Seiles kg/lfd. m
1000	1,0	7	24	0,18	1500	1,5	10,5	24	0,41
		9	42	0,32			14	42	0,71
		11	49	0,38			16	49	0,84
		12	56	0,42			18	56	0,95
1100	1,1	7,5	24	0,22	1600	1,6	11	24	0,46
		10	42	0,38			15	42	0,81
		12	49	0,45			17	49	0,96
		13	56	0,51			19	56	1,08
1200	1,2	8,5	24	0,26	1700	1,7	12	24	0,52
		11	42	0,46			16	42	0,92
		13	49	0,54			18	49	1,08
		14	56	0,60			20	56	1,21
1300	1,3	9	24	0,30	1800	1,8	13	24	0,58
		12	42	0,54			17	42	1,03
		14	49	0,63			19	49	1,22
		15	56	0,71			21	56	1,36
1400	1,4	10	24	0,35	2000	2,0	14	24	0,72
		13	42	0,62			19	42	1,27
		15	49	0,74			21	49	1,50
		17	56	0,82			23	56	1,68

Deutsche Rohr-Normalien für guß-

(Die Normalien zu Rohrleitungen für Dampf von hoher Spannung — auf-

Lichter Durchmesser D	Normale Wandstärke s	Äußerer Rohrdurchmesser D_1	Gewicht eines (glatten) Rohrstückes von 1 m Länge, ausschl. Muffe oder Flansch	Muffenrohre (Fig. 318)								
				Weite der Dichtungsfuge f	Innere Muffenweite D_2	Äußerer Muffendurchmesser D_3	Innere Muffentiefe t	Dichtungstiefe $t' = t - 1,5 s$	Übliche Nutzlänge eines Rohres L	Gewicht der Muffe	Gewicht eines Rohres von vorstehender Nutzlänge	Gewicht für den lfd. m Rohr bei vorstehender Nutzlänge
mm	mm	mm	kg	mm	mm	mm	mm	mm	m	kg	kg	kg
40	8	56	8,75	7	70	116	74	62	2	2,68	20,18	10,09
50	8	66	10,57	7,5	81	127	77	65	2	3,14	24,28	12,14
60	8,5	77	13,26	7,5	92	140	80	67	2	3,89	30,41	15,21
70	8,5	87	15,20	7,5	102	150	82	69	3	4,35	49,95	16,65
80	9	98	18,24	7,5	113	163	84	70	3	5,09	59,81	19,94
90	9	108	20,29	7,5	123	173	86	72	3	5,70	66,57	22,19
100	9	118	22,34	7,5	133	183	88	74	3	6,20	73,22	24,41
125	9,5	144	29,10	7,5	159	211	91	77	3	7,64	94,94	31,65
150	10	170	36,44	7,5	185	239	94	79	3	9,89	119,21	39,74
175	10,5	196	44,36	7,5	211	267	97	81	3	12,00	145,08	48,36
200	11	222	52,86	8	238	296	100	83	3	14,41	172,99	57,66
225	11,5	248	61,95	8	264	324	100	83	3	16,89	202,71	67,57
250	12	274	71,61	8,5	291	353	103	84	4	19,61	306,05	76,51
275	12,5	300	81,85	8,5	317	381	103	84	4	22,51	349,91	87,48
300	13	326	92,68	8,5	343	409	105	85	4	25,78	396,50	99,13
325	13,5	352	104,08	8,5	369	437	105	85	4	28,83	445,15	111,29
350	14	378	116,07	8,5	395	465	107	86	4	32,23	496,51	124,13
375	14	403	124,04	9	421	491	107	86	4	34,27	530,43	132,61
400	14,5	429	136,89	9,5	448	520	110	88	4	39,15	586,71	146,68
425	14,5	454	145,15	9,5	473	545	110	88	4	41,26	621,82	155,46
450	15	480	158,87	9,5	499	573	112	89	4	44,90	680,38	170,10
475	15,5	506	173,17	9,5	525	601	112	89	4	48,97	741,65	185,41
500	16	532	188,04	10	552	630	115	91	4	54,48	806,64	201,66
550	16,5	583	212,90	10	603	683	117	92	4	62,34	913,94	228,49
600	17	634	238,90	10,5	655	737	120	94	4	71,15	1026,75	256,69
650	18	686	273,86	10,5	707	793	122	95	4	83,10	1178,54	294,64
700	19	738	311,15	11	760	850	125	96	4	98,04	1342,64	335,66
750	20	790	350,76	11	812	906	127	97	4	111,29	1514,33	378,58
800	21	842	392,69	12	866	964	130	98	4	129,27	1700,03	425,01
900	22,5	945	472,76	12,5	970	1074	135	101	4	160,17	2051,21	512,80
1000	24	1048	559,76	13	1074	1184	140	104	4	195,99	2435,03	608,76
1100	26	1152	666,81	13	1178	1296	145	106	4	243,76	2911,00	727,75
1200	28	1256	783,15	13	1282	1408	150	108	4	294,50	3427,10	856,78

eiserne Muffen- und Flanschenrohre.

gestellt vom Verein deutscher Ingenieure 1900 — finden sich S. 364 bis 375).

Flanschenrohre (Fig. 319)														
Flansch		Dichtungs-leiste		Lochkreis-durchmesser D''	Schrauben				Durchmesser des Schraubenloches d_0	Übliche Baulänge L	Gewicht des Flansches nebst Anschluß	Gewicht eines Rohres bei vorstehender Baulänge	Gewicht für den lfd. m Rohr bei vorstehender Baulänge	Lichter Durchmesser D
Durchmesser D'	Dicke s_1	Breite b	Höhe h		Anzahl	Stärke d		Länge l						
							engl. Z.							
mm	mm	mm	mm	mm		mm		mm	mm	m	kg	kg	kg	mm
140	18	25	3	110	4	12,7	$^1/_2$	70	15	2	1,89	21,28	10,64	40
160	18	25	3	125	4	15,9	$^5/_8$	75	18	2	2,41	25,96	12,98	50
175	19	25	3	135	4	15,9	$^5/_8$	75	18	2	2,96	32,44	16,22	60
185	19	25	3	145	4	15,9	$^5/_8$	75	18	3	3,21	52,02	17,34	70
200	20	25	3	160	4	15,9	$^5/_8$	75	18	3	3,84	62,40	20,80	80
215	20	25	3	170	4	15,9	$^5/_8$	75	18	3	4,37	69,61	23,20	90
230	20	28	3	180	4	19,0	$^3/_4$	85	21	3	4,96	76,94	25,65	100
260	21	28	3	210	4	19,0	$^3/_4$	85	21	3	6,26	99,82	33,27	125
290	22	28	3	240	6	19,0	$^3/_4$	85	21	3	7,69	124,70	41,57	150
320	22	30	3	270	6	19,0	$^3/_4$	85	21	3	8,96	151,00	50,33	175
350	23	30	3	300	6	19,0	$^3/_4$	85	21	3	10,71	180,00	60,00	200
370	23	30	3	320	6	19,0	$^3/_4$	85	21	3	11,02	207,89	69,30	225
400	24	30	3	350	8	19,0	$^3/_4$	100	21	3	12,98	240,79	80,26	250
425	25	30	3	375	8	19,0	$^3/_4$	100	21	3	14,41	274,37	91,46	275
450	25	30	3	400	8	19,0	$^3/_4$	100	21	3	15,32	308,68	102,89	300
490	26	35	4	435	10	22,2	$^7/_8$	105	25	3	19,48	351,20	117,07	325
520	26	35	4	465	10	22,2	$^7/_8$	105	25	3	21,29	390,79	130,26	350
550	27	35	4	495	10	22,2	$^7/_8$	105	25	3	24,29	420,70	140,23	375
575	27	35	4	520	10	22,2	$^7/_8$	105	25	3	25,44	461,55	153,85	400
600	28	35	4	545	12	22,2	$^7/_8$	105	25	3	27,64	490,73	163,58	425
630	28	35	4	570	12	22,2	$^7/_8$	105	25	3	29,89	536,39	178,80	450
655	29	40	4	600	12	22,2	$^7/_8$	105	25	3	32,41	584,33	194,78	475
680	30	40	4	625	12	22,2	$^7/_8$	105	25	3	34,69	633,50	211,17	500
740	33	40	5	675	14	25,4	1	120	28,5	3	44,28	727,26	242,42	550
790	33	40	5	725	16	25,4	1	120	28,5	3	47,41	811,52	270,51	600
840	33	40	5	775	18	25,4	1	120	28,5	3	50,13	921,84	307,28	650
900	33	40	5	830	18	25,4	1	120	28,5	3	56,50	1046,45	348,82	700
950	33	40	5	880	20	25,4	1	120	28,5	3	59,81	1171,90	390,63	750

Verzinkte Drahtseile

Dicke der Drähte im Seile	Drahtzahl 72			Drahtzahl 96			Drahtzahl 120		
	Durchmesser des Seiles	Ungefähres Gewicht des Seiles	Bruch-belastung	Durchmesser des Seiles	Ungefähres Gewicht des Seiles	Bruch-belastung	Durchmesser des Seiles	Ungefähres Gewicht des Seiles	Bruch-belastung
δ	d	q		d	q		d	q	
mm	mm	kg/lfd. m	kg	kg	kg/lfd. m	kg	mm	kg/lfd. m	kg
0,5	8	0,15	1 720	9,5	0,20	2 300	8,5	0,22	2 880
0,6	9,5	0,20	2 450	11,5	0,25	3 250	10	0,30	4 080
0,7	11	0,26	3 310	13	0,35	4 400	12	0,43	5 500
0,8	12,5	0,38	4 300	15	0,45	5 760	13,5	0,55	7 200
0,9	14	0,48	5 500	17	0,60	7 400	15	0,70	9 240
1,0	16	0,55	6 800	19	0,75	9 100	17	0,90	11 400
1,1	17,5	0,70	8 200	21	0,90	10 900	19	1,05	13 680
1,2	19	0,80	9 750	23	1,05	13 000	20	1,30	16 300

zu Flaschenzügen.

Drahtzahl 144			Drahtzahl 180			Drahtzahl 192			Kleinster Trommel- und Rollendurchmesser
Durchmesser des Seiles d mm	Ungefähres Gewicht des Seiles q kg/lfd. m	Bruchbelastung kg	Durchmesser des Seiles d mm	Ungefähres Gewicht des Seiles q kg/lfd. m	Bruchbelastung kg	Durchmesser des Seiles d mm	Ungefähres Gewicht des Seiles q kg/lfd. m	Bruchbelastung kg	D mm
10	0,26	3 450	11	0,34	4 300	12	0,35	4 600	200
11,5	0,38	4 900	13	0,48	6 100	14	0,56	6 500	240
13	0,53	6 620	15,5	0,65	8 200	16,5	0,68	8 800	280
15	0,70	8 600	18	0,87	10 800	19	0,88	11 500	350
17	0,90	11 000	20	1,10	13 800	21	1,13	14 800	400
19	1,10	13 600	22	1,35	17 100	23,5	1,38	18 200	450
21	1,30	16 400	24	1,65	20 500	26	1,70	21 800	500
22,5	1,55	19 500	26	1,90	24 500	28,5	2,00	26 100	550

Aufzug-

Für größere Trommeldurchmesser

Durchmesser der Windentrommel D mm	Durchmesser des Seiles d mm	Zahl i der Drähte im Seile Stück	Dicke δ mm	Ungefähres Gewicht des Seiles q kg/lfd. m	Bruchbelastung des Seiles unverzinkt kg	verzinkt kg
400	9	42	1,0	0,32	3990	3610
	10	49	1,0	0,37	4655	4210
	12	72	1,0	0,54	6840	6190
	13	84	1,0	0,63	7980	7220
	15	96	1,0	0,72	9120	8250
	16	114	1,0	0,86	10830	9800
440	10	42	1,1	0,38	4790	4320
	11	49	1,1	0,44	5590	5040
	13	72	1,1	0,65	8210	7410
	14	84	1,1	0,76	9580	8650
	16	96	1,1	0,87	10940	9880
	17	114	1,1	1,03	13000	11740
480	11	42	1,2	0,45	5710	5250
	13	49	1,2	0,53	6660	6120
	15	72	1,2	0,78	9790	9000
	16	84	1,2	0,91	11420	10500
	18	96	1,2	1,04	13050	12000
	19	114	1,2	1,13	15500	14250
520	12	42	1,3	0,52	6720	5710
	14	49	1,3	0,62	7840	6660
	16	72	1,3	0,91	11520	9790
	17	84	1,3	1,07	13440	11420
	19	96	1,3	1,22	15360	13050
	20	114	1,3	1,45	18240	15500
560	13	42	1,4	0,62	7770	6720
	15	49	1,4	0,72	9060	7840
	17	72	1,4	1,06	13320	11520
	19	84	1,4	1,23	15540	13440
	21	96	1,4	1,41	17760	15360
	22	114	1,4	1,68	21090	18240
600	14	42	1,5	0,71	8900	7770
	16	49	1,5	0,83	10390	9060
	19	72	1,5	1,22	15260	13320
	20	84	1,5	1,42	17810	15540
	22	96	1,5	1,62	20350	17760
	23	114	1,5	1,92	24170	21090
640	15	42	1,6	0,81	10120	8900
	17	49	1,6	0,94	11810	10390
	20	72	1,6	1,38	17350	15260
	21	84	1,6	1,61	20245	17810
	23	96	1,6	1,84	23140	20350
	25	114	1,6	2,19	27470	24170

seile.

Durchmesser der Winden-trommel D mm	Durch-messer des Seiles d mm	Zahl i der Drähte im Seile Stück	Dicke δ mm	Ungefähres Gewicht des Seiles q kg/lfd. m	Bruchbelastung des Seiles unverzinkt kg	verzinkt kg
		Für kleinere Trommeldurchmesser				
200	9	96	0,5	0,18	2 300	1 830
	10	120	0,5	0,23	2 880	2 290
	11	144	0,5	0,27	3 460	2 750
	12	168	0,5	0,32	4 030	3 200
	13	210	0,5	0,39	5 040	4 000
	14	252	0,5	0,48	6 050	4 800
240	10	96	0,6	0,25	3 260	2 780
	12	120	0,6	0,32	4 080	3 480
	13	144	0,6	0,39	4 900	4 170
	14,5	168	0,6	0,45	5 710	4 870
	16	210	0,6	0,58	7 140	6 090
	17,5	252	0,6	0,68	8 570	7 300
280	13	96	0,7	0,34	4 410	3 840
	15	120	0,7	0,44	5 520	4 800
	16	144	0,7	0,53	6 620	5 700
	17	168	0,7	0,62	7 730	6 700
	18	210	0,7	0,77	9 660	8 400
	20	252	0,7	0,93	11 590	10 080
320	14	96	0,8	0,44	5 760	5 080
	16	120	0,8	0,58	7 200	6 300
	17,5	144	0,8	0,69	8 640	7 600
	19	168	0,8	0,81	10 080	8 900
	20,5	210	0,8	1,01	12 600	11 100
	22	252	0,8	1,21	15 120	13 300
360	16	96	0,9	0,56	7 390	6 570
	18	120	0,9	0,73	9 240	8 200
	19	144	0,9	0,87	11 090	9 800
	21	168	0,9	1,02	12 930	11 500
	23	210	0,9	1,28	16 170	14 300
	25	252	0,9	1,53	19 400	17 200
400	18	96	1,0	0,70	9 120	8 250
	20	120	1,0	0,90	11 400	10 300
	22	144	1,0	1,08	13 680	12 300
	24	168	1,0	1,26	15 960	14 400
	26	210	1,0	1,58	19 950	18 000
	28	252	1,0	1,89	23 940	21 600
480	20	96	1,2	1,00	13 050	10 940
	24	120	1,2	1,25	16 320	13 680
	27	144	1,2	1,50	19 580	16 410
	29	168	1,2	1,75	22 840	19 150
	31	210	1,2	2,18	28 560	23 940
	35	252	1,2	2,62	34 270	28 720

Lastseile
von Felten & Guilleaume in Cöln (Rhein).
Rundseile.

Seil-durchmessser	Ungeteert				Geteert			
	Bad. Schleißhanf		Russ. Reinhanf		Bad. Schleißhanf		Russ. Reinhanf	
	Gewicht	Arbeits-last	Gewicht	Arbeits-last	Gewicht	Arbeits-last	Gewicht	Arbeits-last
d	q	Q	q	Q	q	Q	q	Q
mm	kg/lfd. m	kg	kg/lfd. m	kg	kg/lfd. m	kg	kg/lfd. m	kg
16	0,21	230	0,20	200	0,23	200	0,22	176
20	0,31	350	0,30	314	0,34	314	0,33	275
23	0,39	470	0,38	416	0,43	416	0,42	363
26	0,51	600	0,50	531	0,58	531	0,56	464
29	0,67	740	0,65	660	0,75	660	0,72	578
33	0,80	960	0,78	855	0,90	855	0,87	748
36	0,96	1145	0,93	1017	1,07	1017	1,04	890
39	1,15	1340	1,10	1194	1,28	1194	1,25	1044
46	1,50	1870	1,45	1661	1,70	1661	1,65	1453
52	1,95	2390	1,90	2122	2,20	2122	2,15	1857

Bemerkung. Nach Fabrikangaben entspricht die Arbeitslast Q einem Achtel der Bruchbelastung.

Geteerte Kabelseile
aus badischem Schleißhanf.

| Seil-durchmesser | Gewicht | Arbeitslast | Seil-durchmesser | Gewicht | Arbeitslast |
| d | q | Q | d | q | Q |
mm	kg/lfd. m	kg	mm	kg/lfd. m	kg
59	2,67	4550	85	5,60	9450
65	3,70	5530	92	6,40	11070
72	4,00	6780	98	7,46	12575
78	4,80	7960	105	8,53	14420

Bemerkung. Nach Fabrikangaben entspricht die Arbeitslast Q einem Achtel der Bruchbelastung.

Geteerte Flachseile
aus badischem Schleißhanf.

| Breite b | Dicke s | Gewicht q | Bruch-belastung | Breite b | Dicke s | Gewicht q | Bruch-belastung |
mm	mm	kg/lfd. m	kg	mm	mm	kg/lfd. m	kg
92	23	2,35	14812	157	36	6,24	39564
105	26	3,04	19110	183	36	7,20	46116
118	26	3,36	21476	183	39	7,84	49959
130	29	4,26	26390	200	44	9.25	61600
130	33	4,80	30030	250	46	12,10	80500
144	33	5,28	33264	310	47	15,00	101600
157	33	5.60	36267				

Kurzgliedrige Kranketten der Duisburger Maschinenbau-A.-G.
vorm. Bechem & Keetman in Duisburg a. Rh.

Ketten-eisen-stärke d mm	Zulässige Belastung Q kg	Ungefähres Gewicht der Kette q kg/lfd. m	Ketten-eisen-stärke d mm	Zulässige Belastung Q kg	Ungefähres Gewicht der Kette q kg/lfd. m
5	250	0,58	20	4 000	8,98
6	360	0,81	21	4 410	9,90
7	490	1,10	22	4 840	10,87
8	640	1,44	23	5 290	11,90
9	810	1,82	24	5 760	12,94
10	1000	2,25	26	6 760	15,18
11	1210	2,72	28	7 840	17,61
12	1440	3,24	30	9 000	20,22
13	1690	3,80	33	10 890	24,46
14	1960	4,41	36	12 960	29,11
15	2250	5,06	39	15 210	34,16
16	2560	5,75	43	18 490	41,53
17	2890	6,50	46	21 160	47,53
18	3240	7,28	49	24 010	53,82
19	3610	8,14	52	27 040	60,73

Kalibrierte Gliederketten und verzahnte Kettenräder.

Welter Elektrizitäts- und Hebezeug-Werke A.-G. in Cöln-Zollstock.

Kettenräder. Teilkreisdurchmesser $2R$ in mm (obere Zahl). Zähnezahl z (untere Zahl).

Each Kettenrad cell shows the Teilkreisdurchmesser $2R$ (upper number) over the Zähnezahl z (lower number).

Ketteneisenstärke d mm	Teilung l mm																	
4,5	16	62 7	108 10	153 15	173 17	257 25												
5	18,5	58 5	72 6	83 7	94 8	118 10	(212) (18)	(234) (20)	(283) (24)	(364) (31)	(420) (36)							
6	18,5	72 6	83 7	94 8	118 10	130 11	142 12	187 16	200 17	(234) (20)	(260) (22)	(284) (26)	(331) (28)	(353) (30)				
6	20	76 6	140 11	166 13	178 14	204 16	254 20	280 22	(357) (28)	(484) (38)	(548) (43)	(636) (50)						
7	22,5	72 5	85 6	100 7	115 8	143 10	157 11	172 12	186 13	286 20	(314) (22)	(386) (27)	(456) (32)	(614) (43)				
8	22,5	73 5	86 6	100 7	114 8	143 10	157 11	186 13	244 17	258 18	286 20	314 22	(386) (27)	(456) (32)				
9	25	80 5	95 6	127 8	159 10	174 11	238 15	318 20	428 27	570 36								
9,5	31	100 5	120 6	160 8	198 10	238 12	318 16	338 17	360 18	388 20	436 22	592 30	778 40					
11	30	97 5	134 7	192 10	214 11	264 14	286 15	382 20	422 22	575 30	680 36	1450 77						
13	36	115 5	161 7	184 8	207 9	253 11	275 12	322 14	344 15	458 20	552 24	714 32	836 37	1331 58				
14,5	42,5	162 6	214 8	268 10	320 12	374 14	404 15	850 32										
16	48	154 5	184 6	215 7	275 9	338 11	492 16	1101 36										
18	54	175 5	207 6	242 7	276 8	310 9	322 10	479 14										
20	62,5	200 5	240 6	280 7	320 8	360 9	800 20											
22	62,5	200 6	240 6	280 7	320 8	360 9	480 12	812 20										
25	72	236 5	277 6	322 7	368 8	414 9	565 12											
26	72	330 7																
28	72	336 8																
30	80	260 5	310 6	360 7	410 8													
30	91	170 3																
32	80	310 6	410 8															

Bemerkung. Die eingeklammerten Räderabmessungen finden namentlich bei Haspelrädern Verwendung.

Gallsche Gelenkketten
von Zobel, Neubert & Co. in Schmalkalden (Thüringen)
(s. Fig. 398).

Zulässige Belastung[1]	Teilung oder Baulänge	Länge des Mittelbolzens	Durchmesser des Mittelbolzens	Zapfenstärke	Plattenzahl	Plattenstärke	Plattenbreite	Größte Breite der Kette		Ungefähres Gewicht der Kette	Durchmesser des Schlußbolzens
Q	l	b	D	d	i	s	h	B			d_1
kg	mm	mm	mm	mm		mm	mm	mm		kg/lfd. m	mm
100	15	12	5	4	2	1,5	12	23	ohne Unterlegscheiben vernietet	0,7	6
250	20	15	7,5	6	2	2	15	28		1	9
500	25	18	10	8	2	3	18	38		2	12
750	30	20	11	9	4	2	20	45		2,7	13
1 000	35	22	12	10	4	2	27	50		3,8	15
1 500	40	25	14	12	4	2,5	30	60		5	18
2 000	45	30	17	14	4	3	35	67	mit Unterlegscheiben vernietet	7,1	21
3 000	50	35	22	17,5	6	3	38	90		11,1	26
4 000	55	40	24	21	6	4	40	110		16,5	32
5 000	60	45	26	23	6	4	46	118		19	34
6 000	65	45	28	24	6	4	53	125		24	36
7 500	70	50	32	28	8	4,5	53	150		31,5	40
10 000	80	60	34	30	8	4,5	65	165		34	45
12 500	85	65	35	31	8	5	70	180		44,8	47
15 000	90	70	38	34	8	5,5	75	195	versplintet	51,1	50
17 500	100	75	40	36	8	6	80	208		58,1	54
20 000	110	80	43	38	8	6	85	215		74,4	56
25 000	120	90	45	40	8	6,5	100	235		83,3	60
30 000	130	100	50	45	8	7	106	255		100	65

[1] Die zulässige Belastung entspricht ungefähr $1/6$ der Bruchbelastung.

Tabelle für gesättigten Wasserdampf.

Druck (absolut) kg/qcm	Temperatur t	Flüssigkeitswärme q	Gesamtwärme λ	Verdampfungswärme			$u = v_g - \sigma$ cbm/kg	Spez. Gewicht $\gamma_g = \dfrac{1}{v_g}$ kg/cbm	$\int c\,\dfrac{dT}{T}$	$\dfrac{r}{T}$	Absolute Temperatur T
				gesamte r	innere ϱ	äußere Apu					
0,1	45,58	45,65	620,40	574,75	539,35	35,41	15,012	0,067	0,155	1,804	318,58
0,2	59,76	59,89	624,73	564,84	528,13	36,70	7,781	0,129	0,198	1,698	332,76
0,3	68,74	68,93	627,47	558,53	521,03	37,51	5,301	0,189	0,225	1,634	341,74
0,4	75,47	75,71	629,52	553,81	515,71	38,10	4,039	0,248	0,245	1,589	348,47
0,5	80,90	81,19	631,17	549,99	511,41	38,58	3,271	0,306	0,260	1,554	353,90
0,6	85,48	85,82	632,57	546,75	507,78	38,97	2,754	0,363	0,273	1,525	358,48
0,7	89,47	89,84	633,79	543,94	504,63	39,31	2,381	0,420	0,285	1,501	362,47
0,8	93,00	93,43	634,67	541,44	501,84	39,60	2,099	0,476	0,294	1,479	366,00
0,9	96,19	96,64	635,84	539,20	499,32	39,88	1,879	0,532	0,303	1,461	369,19
1,0	99,09	99,58	636,72	537,15	497,02	40,13	1,701	0,587	0,311	1,444	372,09
1,1	101,76	102,28	637,54	535,26	494,91	40,35	1,555	0,643	0,318	1,428	374,76
1,2	104,24	104,79	638,29	533,50	492,95	40,55	1,433	0,697	0,325	1,414	377,24
1,3	106,55	107,14	639,00	531,86	491,12	40,74	1,329	0,752	0,331	1,401	379,55
1,4	108,72	109,34	639,66	530,33	489,41	40,92	1,239	0,806	0,337	1,389	381,72
1,5	110,76	111,42	640,28	528,87	487,79	41,08	1,161	0,860	0,342	1,378	383,76
1,6	112,70	113,38	640,87	527,49	486,26	41,24	1,093	0,914	0,348	1,368	385,70
1,7	114,54	115,25	641,43	526,18	484,80	41,38	1,032	0,968	0,352	1,358	387,54
1,8	116,29	117,03	641,97	524,94	483,42	41,52	0,978	1,021	0,357	1,348	389,29
1,9	117,97	118,84	642,48	523,74	482,09	41,65	0,930	1,075	0,361	1,339	390,97
2,0	119,57	120,37	642,97	522,60	480,82	41,78	0,886	1,128	0,365	1,331	392,57
2,1	121,11	121,94	643,44	521,50	479,60	41,90	0,846	1,181	0,369	1,323	394,11
2,2	122,59	123,44	643,90	520,46	478,43	42,03	0,810	1,233	0,373	1,316	395,59
2,3	124,02	124,90	644,33	519,43	477,30	42,13	0,777	1,286	0,377	1,308	397,02
2,4	125,40	126,30	644,75	518,44	476,21	42,23	0,746	1,339	0,380	1,301	398,40
2,5	126,73	127,66	645,15	517,49	475,16	42,33	0,718	1,391	0,384	1,295	399,73
2,6	128,02	128,97	645,55	516,57	474,14	42,43	0,692	1,443	0,387	1,288	401,02
2,7	129,26	130,25	645,93	515,68	473,15	42,53	0,668	1,495	0,390	1,282	402,26
2,8	130,48	131,48	646,30	514,81	472,19	42,62	0,645	1,545	0,393	1,276	403,48
2,9	131,65	132,68	646,65	513,97	471,26	42,71	0,624	1,599	0,396	1,270	404,65
3,0	132,80	133,85	647,00	513,15	470,36	42,79	0,605	1,651	0,399	1,265	405,80
3,1	133,91	134,99	647,37	512,35	469,48	42,88	0,586	1,702	0,402	1,259	406,91
3,2	135,00	136,10	647,68	511,57	468,62	42,96	0,569	1,754	0,405	1,254	408,00
3,3	136,06	137,18	648,00	510,81	467,78	43,04	0,553	1,805	0,407	1,249	409,06
3,4	137,09	138,24	648,31	510,07	466,96	43,11	0,538	1,857	0,410	1,244	410,09
3,5	138,10	139,27	648,62	509,35	466,16	43,19	0,523	1,908	0,413	1,239	411,10
3,6	139,09	140,28	648,95	508,67	465,38	43,29	0,510	1,959	0,415	1,234	412,09
3,7	140,05	141,27	649,22	507,95	464,62	43,33	0,497	2,010	0,417	1,230	413,05
3,8	141,00	142,23	649,50	507 27	463,88	43,40	0,484	2,061	0,420	1,225	413,99
3,9	141,92	143,18	649,78	506,61	463 15	43,46	0,473	2,112	0,422	1,221	414,92

| Druck (absolut) kg/qcm | Temperatur | Flüssigkeitswärme | Gesamtwärme | Verdampfungswärme | | | $u = v_g - \sigma$ | Spez. Gewicht $\gamma_g = \dfrac{1}{v_g}$ | $\displaystyle\int c\,\dfrac{dT}{T}$ | $\dfrac{r}{T}$ | Absolute Temperatur |
| | | | | gesamte | innere | äußere | | | | | |
t	q	λ	r	ϱ	$A\,p\,u$	cbm/kg	kg/cbm				T
4,0	142,82	144,10	650,06	505,96	462,43	43,53	0,461	2,163	0,424	1,217	415,82
4,1	143,71	145,01	650,33	505,32	461,73	43,59	0,451	2,213	0,426	1,213	416,71
4,2	144,58	145,90	650,60	504,70	461,04	43,66	0,441	2,264	0,429	1,209	417,58
4,3	145,43	146,78	650,86	504,08	460,37	43,72	0,431	2,314	0,431	1,205	418,43
4,4	146,27	147,66	651,11	503,48	459,70	43,77	0,422	2,365	0,433	1,201	419,27
4,5	147,09	148,48	651,36	502,89	459,05	43,83	0,413	2,415	0,435	1,197	420,09
4,6	147,90	149,30	651,61	502,31	458,42	43,89	0,405	2,465	0,437	1,193	420,90
4,7	148,69	150,12	651,85	501,73	457,79	43,95	0,396	2,516	0,439	1,190	421,69
4,8	149,47	150,92	652,09	501,17	457,17	44,00	0,389	2,566	0,440	1,186	422,47
4,9	150,24	151,71	652,32	500,62	456,56	44,05	0,381	2,616	0,442	1,183	423,24
5,0	150,99	152,48	652,55	500,07	455,97	44,11	0,374	2,667	0,444	1,179	423,99
5,1	151,73	153,24	652,78	499,54	455,38	44,16	0,367	2,717	0,446	1,176	424,73
5,2	152,47	153,99	653,00	499,01	454,80	44,21	0,361	2,766	0,448	1,173	425,47
5,3	153,19	154,73	653,22	498,49	454,23	44,26	0,354	2,816	0,449	1,170	426,19
5,4	153,90	155,46	653,44	497,98	453,67	44,31	0,348	2,866	0,451	1,167	426,90
5,5	154,59	156,18	653,65	497,47	453,12	44,36	0,342	2,916	0,453	1,163	427,59
5,6	155,28	156,89	653,85	496,97	452,57	44,40	0,336	2,965	0,455	1,160	428,28
5,7	155,96	157,59	654,07	496,48	452,04	44,45	0,331	3,015	0,456	1,157	428,96
5,8	156,63	158,27	654,27	496,00	451,51	44,49	0,325	3,064	0,458	1,155	429,63
5,9	157,29	158,95	654,47	495,52	450,98	44,54	0,320	3,114	0,459	1,152	430,29
6,0	157,94	159,63	654,66	495,05	450,47	44,58	0,315	3,164	0,461	1,149	430,94
6,1	158,59	160,29	654,87	494,58	449,96	44,62	0,310	3,213	0,462	1,146	431,59
6,2	159,22	160,94	655,06	494,12	449,46	44,67	0,306	3,262	0,464	1,143	432,22
6,3	159,85	161,59	655,25	493,67	448,96	44,71	0,301	3,312	0,465	1,141	432,85
6,4	160,47	162,22	655,44	493,22	448,47	44,75	0,297	3,361	0,467	1,138	433,47
6,5	161,08	162,85	655,63	492,78	447,99	44,79	0,292	3,410	0,468	1,135	434,08
6,6	161,68	163,47	655,81	492,34	447,51	44,83	0,288	3,460	0,470	1,133	434,68
6,7	162,28	164,09	656,00	491,91	447,04	44,87	0,284	3,508	0,471	1,130	435,28
6,8	162,87	164,70	656,18	491,48	446,57	44,91	0,280	3,558	0,473	1,128	435,87
6,9	163,45	165,30	656,35	491,06	446,11	44,95	0,276	3,607	0,474	1,125	436,45
7,0	164,03	165,89	656,53	490,64	445,65	44,99	0,273	3,656	0,475	1,123	437,03
7,1	164,60	166,48	656,70	490,22	445,20	45,02	0,269	3,705	0,477	1,120	437,60
7,2	165,16	167,06	656,87	489,82	444,76	45,06	0,265	3,755	0,478	1,118	438,16
7,3	165,72	167,63	657,04	489,41	444,32	45,09	0,262	3,803	0,479	1,116	438,72
7,4	166,27	168,20	657,21	490,01	443,88	45,13	0,259	3,852	0,481	1,113	439,27
7,5	166,82	168,76	657,38	488,62	443,45	45,17	0,255	3,901	0,482	1,111	439,82
7,6	167,36	169,32	657,54	488,22	443,02	45,20	0,252	3,949	0,483	1,109	440,36
7,7	167,89	169,87	657,71	487,83	442,60	45,23	0,249	3,998	0,484	1,107	440,89
7,8	168,42	170,42	657,87	487,45	442,18	45,27	0,246	4,046	0,486	1,104	441,42
7,9	168,94	170,96	658,03	487,07	441,77	45,30	0,243	4,096	0,487	1,102	441,94
8,0	169,46	171,49	658,18	486,69	441,36	45,33	0,240	4,144	0,488	1,100	442,46
8,1	169,97	172,02	658,34	486,32	440,95	45,37	0,238	4,192	0,489	1,098	442,97
8,2	170,48	172,55	658,50	485,95	440,55	45,40	0,235	4,242	0,490	1,096	443,48
8,3	170,98	173,07	658,65	485,58	440,15	45,43	0,232	4,289	0,492	1,094	443,98
8,4	171,48	173,58	658,80	485,22	439,76	45,46	0,230	4,338	0,493	1,092	444,48

Druck (absolut) kg/qcm	Temperatur t	Flüssigkeitswärme q	Gesamtwärme λ	Verdampfungswärme gesamte r	innere ϱ	äußere $A\,p\,u$	$u = v_g - \sigma$ cbm/kg	Spez. Gewicht $\gamma_g = \dfrac{1}{v_g}$ kg/cbm	$\int c\,\dfrac{dT}{T}$	$\dfrac{r}{T}$	Absolute Temperatur T
8,5	171,98	174,09	658,95	484,86	439,37	45,49	0,227	4,387	0,494	1,090	444,98
8,6	172,47	174,60	659,10	484,50	438,98	45,52	0,224	4,436	0,495	1,088	445,47
8,7	172,95	175,10	659,24	484,15	438,60	45,55	0,222	4,484	0,496	1,086	445,95
8,8	173,43	175,60	659,40	483,80	438,22	45,58	0,220	4,532	0,497	1,084	446,43
8,9	173,91	176,09	659,54	483,45	437,84	45,61	0,211	4,580	0,498	1,082	446,91
9,0	174,38	176,58	659,69	483,11	437,47	45,64	0,215	4,629	0,499	1,080	447,38
9,1	174,85	177,06	659,83	482,77	437,10	45,67	0,213	4,677	0,501	1,078	447,85
9,2	175,31	177,54	659,97	482,43	436,73	45,70	0,211	4,725	0,502	1,076	448,31
9,3	175,77	178,02	660,11	482,09	436,37	45,73	0,209	4,773	0,503	1,074	448,77
9,4	176,23	178,49	660,25	481,76	436,01	45,76	0,200	4,821	0,504	1,072	449,23
9,5	176,68	178,96	660,39	481,43	435,65	45,78	0,204	4,870	0,505	1,071	449,68
9,6	177,13	179,42	660,52	481,10	435,29	45,81	0,202	4,918	0,506	1,069	450,13
9,7	177,57	179,88	660,66	480,78	434,94	45,84	0,200	4,964	0,507	1,067	450,57
9,8	178,01	180,34	660,80	480,45	434,59	45,86	0,198	5,014	0,508	1,065	451,01
9,9	178,45	180,79	660,93	480,14	434,25	45,89	0,197	5,062	0,509	1,064	451,45
10,00	178,89	181,24	661,06	479,82	433,90	45,92	0,195	5,109	0,510	1,062	451,89
10,25	179,96	182,35	661,39	479,03	433,05	45,98	0,190	5,229	0,512	1,058	452,96
10,50	181,01	183,44	661,71	478,27	432,22	46,04	0,186	5,349	0,515	1,053	454,01
10,75	182,04	184,51	662,02	477,51	431,41	46,10	0,182	5,469	0,517	1,049	455,04
11,00	183,05	185,56	662,33	476,77	430,61	46,16	0,178	5,589	0,519	1,045	456,05
11,25	184,05	186,60	662,64	476,04	429,82	46,22	0,174	5,707	0,522	1,042	457,05
11,50	185,03	187,61	662,93	475,32	429,04	46,28	0,171	5,826	0,524	1,038	458,03
11,75	185,99	188,61	663,23	474,62	428,28	46,33	0,167	5,944	0,526	1,034	458,99
12,00	186,99	189,59	663,52	473,92	427,53	46,39	0,164	6,063	0,528	1,030	459,99
12,25	187,87	190,56	663,80	473,24	426,80	46,44	0,161	6,183	0,530	1,027	460,87
12,50	188,78	191,51	664,08	472,57	426,07	46,49	0,158	6,300	0,532	1,023	461,78
12,75	189,69	192,45	664,35	471,90	425,36	46,54	0,155	6,417	0,534	1,020	462,69
13,00	190,57	193,38	664,63	471,25	424,66	46,59	0,152	6,534	0,536	1,017	463,57
13,25	191,45	194,29	664,90	470,61	423,96	46,64	0,149	6,656	0,538	1,013	464,45
13,50	192,31	195,18	665,16	469,97	423,28	46,69	0,147	6,773	0,540	1,010	465,31
13,75	193,16	196,07	665,41	469,34	422,61	46,74	0,144	6,890	0,542	1,007	466,16
14,00	194,00	196,94	665,69	468,73	421,95	46,78	0,142	7,006	0,544	1,004	467,00
14,25	194,83	197,81	665,92	468,12	421,29	46,83	0,139	7,126	0,546	1,001	467,83
14,50	195,64	198,66	666,17	467,52	420,65	46,87	0,137	7,244	0,548	0,998	468,64
14,75	196,45	199,50	666,42	466,92	420,01	46,91	0,135	7,362	0,549	0,995	469,45
15,00	197,24	200,32	666,66	466,34	419,38	46,96	0,133	7,477	0,551	0,992	470,24
16,00	200,32	203,53	667,60	464,07	416,95	47,12	0,125	7,943	0,558	0,980	473,32
17,00	203,26	206,67	668,49	461,83	414,62	47,21	0,118	8,418	0,565	0,970	476,26
18,00	206,07	209,54	669,35	459,81	412,40	47,41	0,112	8,865	0,571	0,960	479,07
19,00	208,75	212,35	670,17	457,82	410,28	47,54	0,106	9,328	0,577	0,950	481,75
20,00	211,34	215,07	670,96	455,89	408,23	47,66	0,101	9,794	0,582	0,941	484,34

Nach Temperaturen von 0^0 bis 120^0 geordnete bezügliche Werte für den gesättigten Wasserdampf s. Tabelle auf S. 550.

B. Deutsche Normalprofile für Walzeisen [1]).

Bemerkung. Die hierunter angegebenen Gewichte gelten für Flußeisen (spez. Gewicht = 7,850); für Schweißeisen (spez. Gewicht = 7,8) sind diese Gewichte mit 0,994 zu multiplizieren.

a) Gleichschenklige Winkeleisen.

Normallängen = 4 bis 8 m.
Größte Länge = 12 bis 16 m.
Abrundungshalbmesser der inneren Winkelecke
$$R = 0,5\,(d_{min} + d_{max}).$$
Abrundungshalbmesser der Schenkelenden $r = 0,5\,R$
 (auf halbe mm abgerundet).
Schwerpunktsabstand $\xi_0 \sim {}^1/_4\,b + 0.36\,d.$
Vorprofile mit gleicher Schenkelbreite und 1 mm
 größerer Schenkeldicke sind erhältlich.

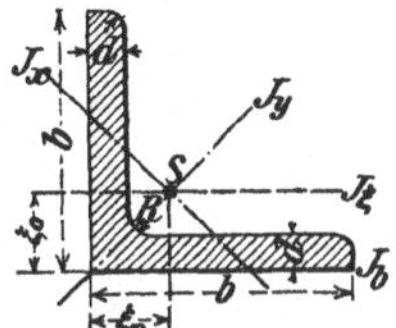

Profil-Nr.	Breite b	Dicke d	Quer-schnitt	Ge-wicht für 1 m	Abstand des Schwer-punktes ξ_0	Trägheitsmomente			
						J_b	J_ξ	$J_y = \max$	$J_x = \min$
	mm	mm	qcm	kg	mm	cm⁴	cm⁴	cm⁴	cm⁴
$1^1/_2$	15	3	0,82	0,65	4,8	0,33	0,15	0,24	0,06
		4	1,05	0,83	5,1	0,46	0,18	0,29	0,08
2	20	3	1,12	0,88	6,0	0,78	0,38	0,62	0,15
		4	1,45	1,14	6,4	1,07	0,48	0,77	0,19
$2^1/_2$	25	3	1,42	1,12	7,3	1,53	0,79	1,27	0,31
		4	1,85	1,45	7,6	2,08	1,00	1,61	0,40
3	30	4	2,27	1,78	8,9	3,5	1,80	2,85	0,76
		6	3,27	2,57	9,6	5,5	2,48	3,91	1,06
$3^1/_2$	35	4	2,67	2,09	10,0	5,6	2,96	4,68	1,24
		6	3,87	3,04	10,8	8,6	4,13	6,50	1,77
4	40	4	3,08	2,42	11,2	8,3	4,47	7,09·	1,86
		6	4,48	3,51	12,0	12,8	6,35	9,98	2,67
		8	5,80	4,55	12,8	17,4	7,90	12,4	3,38
$4^1/_2$	45	5	4,30	3,38	12,8	14,9	7,85	12,4	3,25
		7	5,86	4,60	13,6	21,2	10,4	16,4	4,39
		9	7,34	5,76	14,4	27,8	12,6	19,8	5,40
5	50	5	4,80	3,77	14,0	20,4	11,0	17,4	4,59
		7	6,56	5,15	14,9	29,0	14,5	23,1	6,02
		9	8,24	6,47	15,6	38,0	17,9	28,1	7,67
$5^1/_2$	55	6	6,31	4,95	15,6	32,8	17,3	27,4	7,24
		8	8,23	6,46	16,4	44,2	22,1	34,8	9,35
		10	10,07	7,90	17,2	56,0	26,3	41,4	11,27

---

[1]) Nach dem deutschen Normalprofilbuche für Walzeisen, 7. Auflage; Aachen 1908, Jos. La Ruelle.

Profil-Nr.	Breite b mm	Dicke d mm	Querschnitt qcm	Gewicht für 1 m kg	Abstand des Schwerpunktes ξ_0 mm	Trägheitsmomente			
						J_b cm⁴	J_ξ cm⁴	$J_y = \max$ cm⁴	$J_x = \min$ cm⁴
6	60	6	6,91	5,42	16,9	42,5	22,7	36,1	9,43
		8	9,03	7,09	17,7	57,5	29,2	46,1	12,1
		10	11,07	8,69	18,5	72,8	34,8	55,1	14,6
$6^1/_2$	65	7	8,7	6,8	18,5	63	33,4	53,0	13,8
		9	11,0	8,6	19,3	82	41,3	65,4	17,2
		11	13,2	10,3	20,0	101	48,7	76,8	20,7
7	70	7	9,4	7,4	19,7	79	42,3	67,1	17,6
		9	11,9	9,3	20,5	102	52,5	83,1	22,0
		11	14,3	11,2	21,3	126	62,0	97,6	26,0
$7^1/_2$	75	8	11,5	9,0	21,3	111	59,0	93,3	24,4
		10	14,1	11,1	22,1	140	71,0	113	29,8
		12	16,7	13,1	22,9	170	82,5	130	34,7
8	80	8	12,3	9,7	22,6	135	72,0	115	29,6
		10	15,1	11,9	23,4	170	87,5	139	35,9
		12	17,9	14,1	24,1	206	102	161	43,0
9	90	9	15,5	12,2	25,4	216	116	184	47,8
		11	18,7	14,7	26,2	266	138	218	57,1
		13	21,8	17,1	27,0	317	158	250	65,9
10	100	10	19,2	15,1	28,2	329	177	280	73,3
		12	22,7	17,8	29,0	398	207	328	86,2
		14	26,2	20,6	29,8	468	235	372	98,3
11	110	10	21,2	16,6	30,7	438	239	379	98,6
		12	25,1	19,7	31,5	529	280	444	116
		14	29,0	22,8	32,1	621	319	505	133
12	120	11	25,4	19,9	33,6	626	340	541	140
		13	29,7	23.3	34,4	745	393	625	162
		15	33,9	26,6	35,1	864	445	705	186
13	130	12	30,0	23,6	36,4	869	472	750	194
		14	34,7	27,2	37,2	1020	540	857	223
		16	39,3	30,9	38,0	1171	604	959	251
14	140	13	35,0	27,5	39,2	1175	638	1014	262
		15	40,0	31,4	40,0	1363	723	1148	298
		17	45,0	35,3	40,8	1554	805	1276	334
15	150	14	40,3	31,6	42	1559	845	1343	347
		16	45,7	35,9	43	1790	949	1507	391
		18	51,0	40,0	44	2023	1052	1665	438
16	160	15	46,1	36,2	45	2027	1099	1745	453
		17	51,8	40,7	46	2308	1225	1945	506
		19	57,5	45,1	47	2590	1348	2137	558

b) Ungleichschenklige Winkeleisen.

Normallängen $= 4$ bis 8 m.
Größte Länge $= 12$ bis 16 m.
Abrundungshalbmesser der inneren Winkelecke
$R = 0,5 \, (d_{min} + d_{max})$.
Abrundungshalbmesser der Schenkelenden $r = 0,5 \, R$
(auf halbe mm abgerundet).
Vorprofile mit gleichen Schenkelbreiten und
1 mm größerer Schenkeldicke sind erhältlich.
i (in mm) ist der lichte Abstand zweier ungleich-
schenkligen ⌐⌐, wobei die beiden Hauptträgheitsmomente gleich groß $(= 2 \, J_\xi)$ sind.

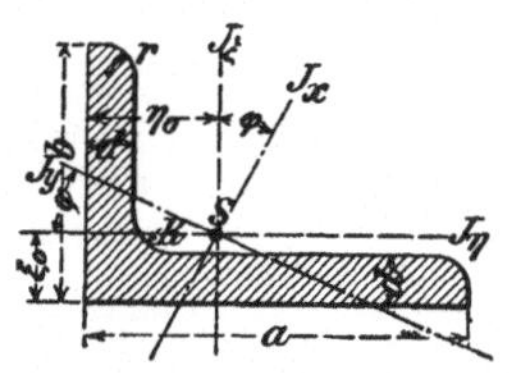

Profil-Nr.	Abmessungen in mm			Querschnitt	Gewicht für den lfd. m	Abstand des Schwerpunktes		tg φ	Trägheitsmomente				i
	b	a	d	qcm	kg	ξ_0 mm	η_0 mm		J_ξ cm⁴	J_η cm⁴	$J_x = $ max cm⁴	$J_v = $ min cm⁴	mm
Schenkelverhältnis $b : a = 1 : 1,5$.													
2/3	20	30	3	1,42	1,12	4,9	9,9	0,4216	1,25	0,45	1,42	0,28	5,2
			4	1,85	1,45	5,4	10,3	0,4214	1,60	0,55	1,82	0,33	4,3
3/4½	30	45	4	2,87	2,25	7,4	14,8	0,4334	5,77	2,05	6,63	1,19	8,0
			5	3,53	2,77	7,8	15,2	0,4288	6,99	2,46	8,01	1,44	7,1
4/6	40	60	5	4,79	3,76	9,7	19,5	0,4319	17,3	6,20	19,8	3,66	11,0
			7	6,55	5,14	10,5	20,4	0,4275	22,8	8,10	26,3	4,63	9,0
5/7½	50	75	7	8,33	6,54	12,4	24,7	0,4304	46,3	16,4	53,1	9,58	13,1
			9	10,5	8,24	13,2	25,6	0,4272	57,2	20,1	65,4	11,9	11,2
6½/10	65	100	9	14,2	11,1	15,9	33,1	0,4101	140	46,6	160	26,8	19,5
			11	17,1	13,4	16,7	34,0	0,4074	167	55,3	189	32,9	17,7
8/12	80	120	10	19,1	15,0	19,5	39,2	0,4348	276	97,9	317	56,8	22,1
			12	22,7	17,8	20,2	40,0	0,4304	323	115	370	67,5	20,1
10/15	100	150	12	28,7	22,5	24,2	48,9	0,4361	649	232	747	134	27,8
			14	33,2	26,1	25,0	49,7	0,4339	744	263	854	153	26,1
Schenkelverhältnis $b : a = 1 : 2$.													
2/4	20	40	3	1,72	1,35	4,4	14,3	0,2575	2,81	0,46	2,96	0,31	14,6
			4	2,25	1,77	4,8	14,7	0,2528	3,58	0,60	3,78	0,40	13,4
3/6	30	60	5	4,29	3,37	6,8	21,5	0,2544	15,6	2,61	16,5	1,71	21,2
			7	5,85	4,59	7,6	22,4	0,2479	20,6	3,42	21,8	2,28	19,1
4/8	40	80	6	6,89	5,40	8,8	28,5	0,2568	44,9	7,66	47,6	4,99	28,9
			8	9,01	7,08	9,6	29,4	0,2518	57,5	9,70	60,8	6,41	26,9
5/10	50	100	8	11,5	9,03	11,2	35,9	0,2565	116	19,6	123	12,8	35,5
			10	14,1	11,1	12,0	36,7	0,2658	141	23,5	150	14,6	33,7
5½/13	65	130	10	18,6	14,6	14,5	46,5	0,2569	320	54,4	339	35,4	46,6
			12	22,1	17,3	15,3	47,5	0,2549	374	62,8	395	41,3	44,4
8/16	80	160	12	27,5	21,6	17,7	57,2	0,2586	719	122	762	79,4	57,8
			14	31,8	25,0	18,5	58,1	0,2679	822	139	875	86,0	55,7
10/20	100	200	14	40,3	31,6	21,8	71,2	0,2608	1654	282	1754	182	73,1
			16	45,7	35,9	22,6	72,0	0,2586	1863	315	1973	205	71,2

c) I-Eisen.

Normallängen = 4 bis 10 m.
Größte Länge = 14 bis 20 m.
Neigung der inneren Flanschflächen = 14 % (rd. 1 : 7).
Abrundungshalbmesser zwischen Steg und Flansch $R = d$.
Abrundungshalbmesser der inneren Flanschkanten $r = 0,6\ d$.
Die Flanschdicke t ist im Abstande $^1/_4\ b$ von der Kante gemessen,
    und zwar ist $t \sim 1,5\ d$.
Die durch Klammern zusammengefaßten Profilnummern haben
    denselben   Überpreis.

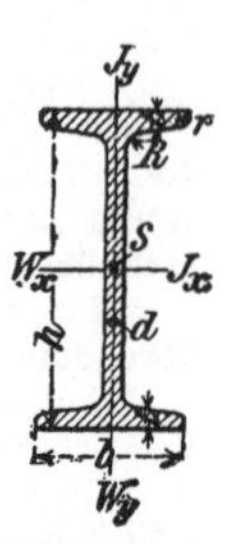

Profil-Nr.	Höhe h	Breite b	Dicke Steg d	Dicke Flansch t	Querschnitt	Gewicht für 1 m	Trägheitsmomente J_y	Trägheitsmomente J_x	Widerstandsmomente W_y	Widerstandsmomente W_x	Profil-Nr.
	mm	mm	mm	mm	qcm	kg	cm⁴	cm⁴	cm³	cm³	
8	80	42	3,9	5,9	7,57	5,95	6,3	77,7	2,99	19,4	8
9	90	46	4,2	6,3	8,99	7,06	8,8	117	3,81	25,9	9
10	100	50	4,5	6,8	10,6	8,33	12,2	170	4,86	34,1	10
11	110	54	4,8	7,2	12,3	9,65	16,2	238	5,99	43,3	11
12	120	58	5,1	7,7	14,2	11,1	21,4	327	7,38	54,5	12
13	130	62	5,4	8,1	16,1	12,6	27,4	435	8,85	67,0	13
14	140	66	5,7	8,6	18,2	14,3	35,2	572	10,7	81,7	14
15	150	70	6,0	9,0	20,4	16,0	43,7	734	12,5	97,9	15
16	160	74	6,3	9,5	22,8	17,9	54,5	933	14,7	117	16
17	170	78	6,6	9,9	25,2	19,8	66,5	1165	17,1	137	17
18	180	82	6,9	10,4	27,9	21,9	81,3	1444	19,8	161	18
19	190	86	7,2	10,8	30,5	23,9	97,2	1759	22,6	185	19
20	200	90	7,5	11,3	33,4	26,2	117	2139	25,9	214	20
21	210	94	7,8	11,7	36,3	28,5	137	2558	29,3	244	21
22	220	98	8,1	12,2	39,5	31,0	163	3055	33,3	278	22
23	230	102	8,4	12,6	42,6	33,4	188	3605	36,9	314	23
24	240	106	8,7	13,1	46,1	36,2	220	4239	41,6	353	24
25	250	110	9,0	13,6	49,7	39,0	255	4954	46,4	396	25
26	260	113	9,4	14,1	53,3	41,8	287	5735	50,6	441	26
27	270	116	9,7	14,7	57,1	44,8	325	6623	56,0	491	27
28	280	119	10,1	15,2	61,0	47,9	363	7575	60,8	541	28
29	290	122	10,4	15,7	64,8	50,9	403	8619	66,1	594	29
30	300	125	10,8	16,2	69,0	54,2	449	9785	71,9	652	30
32	320	131	11,5	17,3	77,7	61,0	554	12493	84,6	781	32
34	340	137	12,2	18,3	86,7	68,1	672	15670	98,1	922	34
36	360	143	13,0	19,5	97,0	76,2	817	19576	114	1088	36
38	380	149	13,7	20,5	107	84,0	972	23978	131	1262	38
40	400	155	14,4	21,6	118	92,6	1160	29173	150	1459	40
42¹/₂	425	163	15,3	23,0	132	104	1433	36956	176	1739	42¹/₂
45	450	170	16,2	24,3	147	115	1722	45888	203	2040	45
47¹/₂	475	178	17,1	25,6	163	128	2084	56410	234	2375	47¹/₂
50	500	185	18,0	27,0	179	141	2470	68736	267	2750	50
55	550	200	19,0	30,0	212	166	3486	99054	349	3602	55
60	600	215	21,6	32,4	254	199	4668	138957	434	4632	60

d) ⊏-Eisen.

Normallängen = 4 bis 8 m.

Größte Länge = 12 bis 20 m.

Neigung der innneren Flanschflächen = 8 % (rd. 1 : 12,5).

Abrundungshalbmesser $R = t$ und $r = 0,5\,t$ (auf halbe mm abgerundet).

Die Flanschdicke t ist im Abstande $^1/_2\,b$ von der Kante gemessen.

i (in mm) ist der lichte Abstand zweier ⅃⊏, wobei die beiden Hauptträgheitsmomente gleich groß ($= 2\,J_x$) sind.

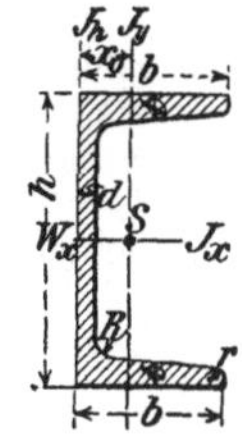

⊏-Eisen.

Profil-Nr.	Höhe h	Breite b	Dicke		Querschnitt	Gewicht für den lfd. m	Abstand des Schwerpunktes x_0	Trägheitsmomente			i	Widerstandsmoment W_x	Profil-Nr.
			Steg d	Flansch t				J_h	J_y	J_x			
	mm	mm	mm	mm	qcm	kg	mm	cm⁴	cm⁴	cm⁴	mm	ccm	
3	30	33	5	7	5,44	4,27	13,1	14,7	5,33	6,39	.	4,3	3
4	40	35	5	7	6,21	4,88	13,3	17,7	6,68	14,1	.	7,1	4
5	50	38	5	7	7,12	5,59	13,7	22,5	9,12	26,4	3,8	10,6	5
6$^1/_2$	65	42	5,5	7,5	9,03	7,10	14,2	32,3	14,1	57,5	15,4	17,7	6$^1/_2$
8	80	45	6	8	11,0	8,66	14,5	43,2	19,4	106	27,1	26,5	8
10	100	50	6	8,5	13,5	10,6	15,5	61,7	29,3	206	41,4	41,1	10
12	120	55	7	9	17,0	13,3	16,0	86,7	43,2	364	54,9	60,7	12
14	140	60	7	10	20,4	16,0	17,5	125	62,7	605	68,1	86,4	14
16	160	65	7,5	10,5	24,0	18,8	18,4	166	85,3	925	81,5	116	16
18	180	70	8	11	28,0	22,0	19,2	217	114	1354	94,7	150	18
20	200	75	8,5	11,5	32,2	25,3	20,1	278	148	1911	108	191	20
22	220	80	9	12,5	37,4	29,4	21,4	368	197	2690	120	245	22
24	240	85	9,5	13	42,3	33,2	22,3	458	248	3598	133	300	24
26	260	90	10	14	48,3	37,9	23,6	586	317	4823	146	371	26
28	280	95	10	15	53,3	41,8	25,3	740	399	6276	159	450	28
30	300	100	10	16	58,8	46,2	27,0	924	495	8026	172	535	30

e) T-Eisen.

Normallängen = 4 bis 8 m.
Größte Länge = 12 bis 16 m.
Abrundungshalbmesser in den Winkel-
ecken $R = d$.
Abrundungshalbmesser am Fuße
$r = 0,5\,d$.
Abrundungshalbmesser am Stege
$\varrho = 0,25\,d$, jedoch r und ϱ auf
halbe mm abgerundet.
Neigungen bei breitfüßigen T-Eisen:
Steg je 4%; Fuß je 2%.
Neigungen bei hochstegigen T-Eisen: Steg und Fuß je 2%.
Die Dicken d sind in den Abständen $^1/_2\,h$ bzw. $^1/_4\,b$ von außen gemessen.

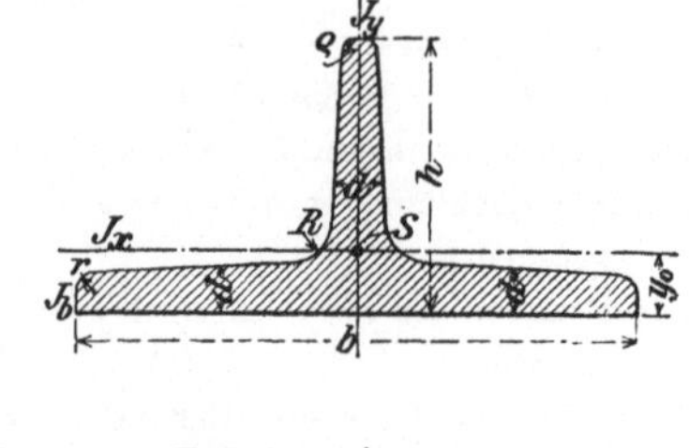

Profil-Nr.	Breite b mm	Höhe h mm	Dicke d mm	Querschnitt qcm	Gewicht für 1 m kg	Abstand des Schwerpunktes y_0 mm	J_b cm⁴	J_x cm⁴	J_y cm⁴
				Breitfüßige T-Eisen. $b:h = 2:1$					
6/3	60	30	5,5	4,64	3,64	6,7	4,69	2,58	8,62
7/3	70	35	6	5,94	4,66	7,7	8,00	4,49	15,1
8/4	80	40	7	7,91	6,21	8,8	13,9	7,81	28,5
9/4¹/₂	90	45	8	10,2	7,98	10,0	22,9	12,7	46,1
10/5	100	50	8,5	12,0	9,42	10,9	33,0	18,7	67,7
12/6	120	60	10	17,0	13,3	13,0	66,5	38,0	137
14/7	140	70	11,5	22,8	17,9	15,1	121	68,9	258
16/8	160	80	13	29,5	23,2	17,2	204	117	422
18/9	180	90	14,5	37,0	29,0	19,3	323	185	670
20/10	200	100	16	45,4	35,6	21,4	486	277	1000
				Hochstegige T-Eisen. $b:h = 1:1$.					
2/2	20	20	3	1,12	0,88	5,8	0,76	0,38	0,20
2¹/₂/2¹/₂	25	25	3,5	1,64	1,29	7,3	1,74	0,87	0,43
3/3	30	30	4	2,26	1,77	8,5	3,35	1,72	0,87
3¹/₂/3¹/₂	35	35	4,5	2,97	2,33	9,9	6,01	3,10	1,57
4/4	40	40	5	3,77	2,96	11,2	10,0	5,28	2,58
4¹/₂/4¹/₂	45	45	5,5	4,67	3,66	12,6	15,5	8,13	4,01
5/5	50	50	6	5,66	4,45	13,9	23,0	12,1	6,06
6/6	60	60	7	7,94	6,23	16,6	45,7	23,8	12,2
7/7	70	70	8	10,6	8,32	19,4	84,4	44,5	22,1
8/8	80	80	9	13,6	10,7	22,2	141	73,7	37,0
9/9	90	90	10	17,1	13,4	24,8	224	119	58,5
10/10	100	100	11	20,9	16,4	27,4	336	179	88,3
12/12	120	120	13	29,6	23,2	32,8	684	366	178
14/14	140	140	15	39,9	31,3	38,0	1236	660	330

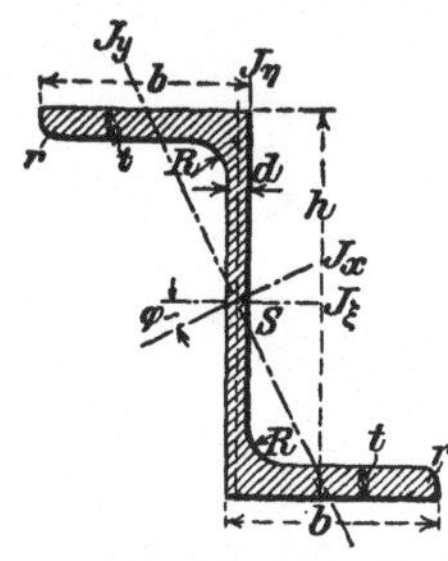

f) Z-Eisen.[1]

Normallängen = 4 bis 8 m.

Größte Längen = 12 bis 16 m.

Abrundungshalbmesser am Stege $R = t$.

Abrundungshalbmesser an den Flanschen $r = \tfrac{1}{2}\,t$ (auf halbe mm abgerundet).

Die inneren Flanschflächen sind den äußeren parallel.

Profil-Nr.	Höhe h mm	Breite b mm	Stegstärke d mm	Flansch-stärke t mm	Quer-schnitt F qcm	Gewicht g kg/m	tg φ	J_ξ cm⁴	J_η cm⁴	$J_x =$ max cm⁴	$J_y =$ min cm⁴
3	30	38	4	4,5	4,32	3,39	1,655	5,94	13,7	18,1	1,54
4	40	40	4,5	5	5,43	4,26	1,181	13,4	17,6	28,0	3,05
5	50	43	5	5,5	6,77	5,31	0,939	25,7	24,4	44,9	5,23
6	60	45	5	6	7,91	6,21	0,779	44,0	30,8	67,2	7,60
8	80	50	6	7	11,1	8,73	0,588	108	48,7	142	14,7
10	100	55	6,5	8	14,5	11,4	0,492	220	74,5	270	24,6
12	120	60	7	9	18,2	14,3	0,433	400	108	470	37,7
14	140	65	8	10	22,9	18,0	0,385	671	154	768	56,4
16	160	70	8,5	11	27,5	21,6	0,357	1055	209	1184	79,5
18	180	75	9,5	12	33,3	26,1	0,329	1594	275	1759	110
20	200	80	10	13	38,7	30,4	0,313	2289	367	2509	147

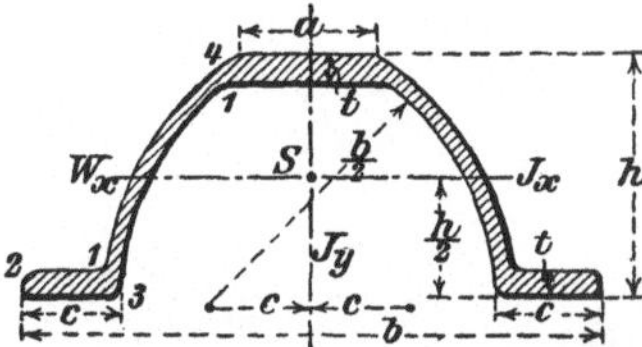

g) Belag-Eisen.

Normallängen = 4 bis 8 m.

Größte Längen = 12 bis 16 m.

Der Schwerpunkt S liegt auf halber Höhe.

Abrundungen bei 1 mit Halbmesser = t.

Abrundungen bei 2 mit Halbmesser = d.

Abrundungen bei 3 mit Halbmesser = $d - 0{,}5$ mm.

Abrundungen bei 4 mit Halbmesser = $0{,}6\,d + 1{,}3$ mm.

Profil-Nr.	Höhe h mm	Breite: obere a mm	Breite: untere b mm	Breite: am Fuße c mm	Steg-stärke d mm	Fuß- und Kopf-stärke t mm	Quer-schnitt F qcm	Gewicht g kg/m	Trägheits-moment J_y cm⁴	Trägheits-moment J_x cm⁴	Wider-stands-moment W_x cm³
5	50	33	120	21	3	5	6,71	5,27	86,4	23,2	9,27
6	60	38	140	24	3,5	6	9,34	7,33	164	47,2	15,8
7½	75	45,5	170	28,5	4	7	13,2	10,4	347	105	27,9
9	90	53	200	33	4,5	8	17,9	14,1	651	206	45,8
11	110	63	240	39	5	9	24,1	18,9	1272	421	76,5

[1] Vgl. A. Meyerhof, Biegungsspannungen der Z-Eisen, Z. Ver. deutsch. Ing. 1891 S. 696. Hier findet sich eine ausführliche Tafel der Widerstandsmomente der Z-Eisen für verschiedene Biegungsebenen.

Die Tabellen auf dieser Seite und die auf den Seiten 58—63 sind in der 3. Aufl. des Freytagschen Hilfsbuches noch nicht enthalten.

h) Quadranteisen.

Normallängen = 4 bis 8 m.
Größte Länge = 12 bis 16m.
Abrundungshalbmesser
$r = 0,12\,R$.
Abrundungshalbmesser
$r_1 = 0,06\,R$.
Vorprofile mit 1 mm
größeren Stärken sind
erhältlich.

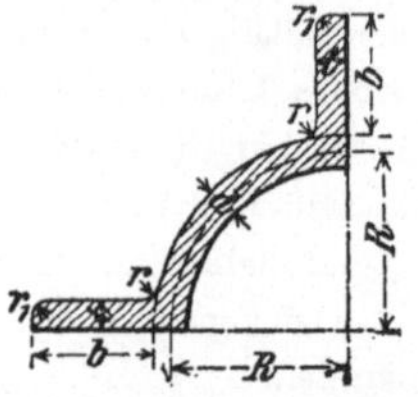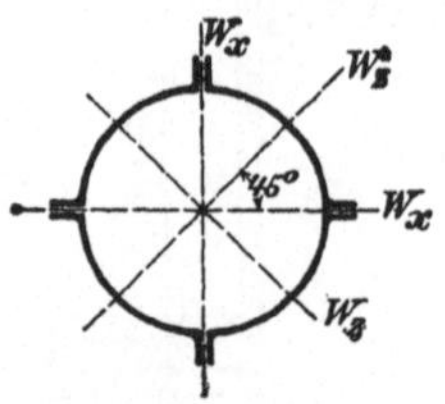

Profil-Nr.	Abmessungen in mm				Quer-schnitt des vollen Rohres qcm	Gewicht des vollen Rohres für 1 m kg	Träg-heits-moment des vollen Rohres cm⁴	Widerstandsmomente des vollen Rohres	
	R	b	d	t				$W_z = \max$ cm³	$W_x = \min$ cm³
5	50	35	4	6	29,8	23,4	576	89,3	66,2
5	50	35	8	8	48,0	37,7	906	135	102
7¹/₂	75	40	6	8	54,9	43,1	2068	237	175
7¹/₂	75	40	10	10	80,2	63,0	2982	331	248
10	100	45	8	10	88,1	69,2	5511	501	370
10	100	45	12	12	120	94,2	7478	663	495
12¹/₂	125	50	10	12	129	101	12161	917	676
12¹/₂	125	50	14	14	169	133	15788	1165	867
15	150	55	12	14	179	141	23637	1515	1120
15	150	55	18	17	249	195	32738	2051	1530

C. Breitflanschige Spezial- (Grey-) Träger

der Deutsch-Luxemburgischen Bergwerks- und Hütten-Aktiengesellschaft

Abteilung Differdingen (Luxemburg).

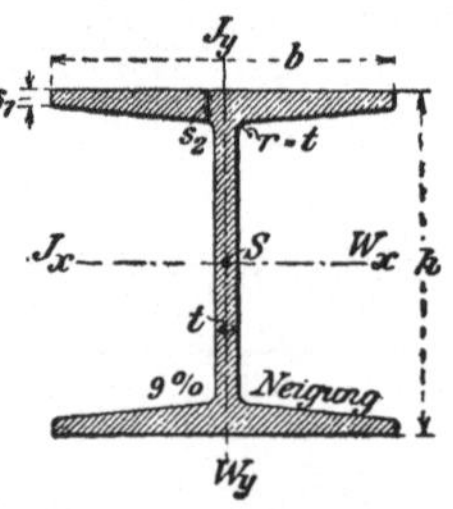

Profil-Nr.	Abmessungen in mm					Quer-schnitt qcm	Ge-wicht kg/m	Trägheitsmomente		Widerstands-momente	
	h	b	s_1	s_2	t			J_x cm⁴	J_y cm⁴	W_x cm³	W_y cm³
18 B	180	180	9,0	16,72	8,5	59,9	47,0	3512	1073	390	119
20 B	200	200	9,5	18,12	8,5	70,4	55,4	5171	1568	517	157
22 B	220	220	10	19,5	9	82,6	64,8	7379	2216	671	201
24 B	240	240	10,5	20,85	10,0	96,8	76,0	10260	3043	855	254
25 B	250	250	10,9	21,7	10,5	105,1	82,5	12066	3575	965	286

Profil-Nr.	Abmessungen in mm					Quer-schnitt qcm	Ge-wicht kg/m	Trägheitsmomente		Widerstands-momente	
	h	b	s_1	s_2	t			J_x cm⁴	J_y cm⁴	W_x cm³	W_y cm³
26 B	260	260	11,7	22,9	11,0	115,6	90,7	14352	4261	1104	328
27 B	270	270	11,95	23,6	11,25	123,2	96,7	16529	4920	1224	365
28 B	280	280	12,35	24,4	11,5	131,8	103,4	19052	5671	1361	405
29 B	290	290	12,7	25,2	12,0	141,1	110,8	21866	6417	1508	443
30 B	300	300	13,25	26,25	12,5	152,1	119,4	25201	7494	1680	500
32 B	320	300	14,1	27,0	13,0	160,7	126,2	30119	7867	1882	524
34 B	340	300	14,6	27,5	13,4	167,4	131,4	35241	8097	2073	540
36 B	360	300	16,15	29,0	14,2	181,5	142,5	42479	8793	2360	586
38 B	380	300	17,0	29,8	14,8	191,2	150,1	49496	9175	2605	612
40 B	400	300	18,2	31,0	15,5	203,6	159,8	57834	9721	2892	648
42$^1/_2$ B	425	300	19,0	31,75	16,0	213,9	167,9	68249	10078	3212	672
45 B	450	300	20,3	33,0	17,0	229,3	180,0	80887	10668	3595	711
27$^1/_2$ B	475	300	21,35	34,0	17,6	242,0	190,0	94811	11142	3992	743
50 B	500	300	22,6	35,2	19,4	261,8	205,5	111283	11718	4451	781
55 B	550	300	24,5	37,0	20,6	288,0	226,1	145957	12582	5308	839
60 B	600	300	24,7	37,2	20,8	300,6	236,0	179303	12672	5977	845
65 B	650	300	25,0	37,5	21,1	314,5	246,9	217402	12814	6690	854
70 B	700	300	25,0	37,5	21,1	325,2	255,3	258106	12818	7374	854
75 B	750	300	25,0	37,5	21,1	335,7	263,4	302560	12823	8068	855

D. Gewichtstabelle für Quadrat-, Sechskant- und Rundeisen.

1 cbm Stabeisen (Flußeisen) wiegt 7850 kg.[1]

Dicke d mm	Gewicht in kg/m			Dicke d mm	Gewicht in kg/m			Dicke d mm	Gewicht in kg/m		
5	0,196	0,170	0,154	50	19,625	16,995	15,413	180	254,340	220,265	199,758
6	0,283	0,245	0,222	52	21,226	18,383	16,671	185	268,666	232,638	211,010
7	0,385	0,333	0,302	54	22,891	19,824	17,978	190	283,385	245,419	222,570
8	0,502	0,435	0,395	56	24,618	21,320	19,335	195	298,496	258,506	234,438
9	0,636	0,551	0,499	58	26,407	22,870	20,740	200	314,000	271,932	246,615
10	0,785	0,680	0,617	60	28,260	24,474	22,195	205	329,896	288,927	259,100
11	0,950	0,823	0,746	62	30,175	26,133	23,700	210	346,185	299,805	271,893
12	1,130	0,979	0,888	64	32,154	27,846	25,253	215	362,866	314,251	284,994
13	1,327	1,149	1,042	66	34,195	29,614	26,856	220	379,940	329,037	298,404
14	1,539	1,332	1,208	68	36,298	31,436	28,509	225	397,406	344,164	312,122
15	1,766	1,530	1,387	70	38,465	33,312	30,210	230	415,265	359,631	326,148
16	2,010	1,740	1,578	72	40,694	35,243	31,961	235	433,516	375,437	340,483
17	2,269	1,965	1,782	74	42,987	37,228	33,762	240	452,160	391,583	355,126
18	2,543	2,203	1,998	76	45,342	39,267	35,611	245	471,196	408,068	370,077
19	2,834	2,454	2,226	78	47,759	41,361	37,510	250	490,625	424,894	385,336
20	3,140	2,719	2,466	80	50,240	43,509	39,458	255	510,446	442,060	400,904
21	3,462	2,998	2,719	85	56,716	49,118	44,545	260	530,660	459,565	416,779
22	3,799	3,290	2,984	90	63,585	55,067	49,940	265	551,266	477,411	432,963
23	4,153	3,596	3,261	95	70,846	61,355	55,643	270	572,265	495,597	449,456
24	4,522	3,916	3,551	100	78,500	67,983	61,654	275	593,656	514,022	466,257
25	4,906	4,249	3,853	105	86,546	74,951	67,973	280	615,440	532,988	483,365
26	5,307	4,596	4,168	110	94,985	82,260	74,601	285	637,616	552,193	500,783
27	5,723	4,956	4,495	115	103,816	89,908	81,537	290	660,185	571,738	518,508
28	6,154	5,330	4,834	120	113,040	97,896	88,781	295	683,146	591,623	536,542
29	6,602	5,717	5,185	125	122,656	106,224	96,334	300	706,500	611,848	554,884
30	7,065	6,118	5,549	130	132,665	114,891	104,195	305	730,246	632,413	573,534
32	8,038	6,961	6,313	135	143,066	123,899	112,364	310	754,385	653,318	592,493
34	9,075	7,859	7,127	140	153,860	133,247	120,841	315	778,916	674,563	611,759
36	10,174	8,811	7,990	145	165,046	142,934	129,627	320	803,840	696,148	631,334
38	11,335	9,817	8,903	150	176,625	152,962	138,721	325	829,156	718,071	651,218
40	12,560	10,877	9,865	155	188,596	163,329	148,123	330	854,865	740,336	671,409
42	13,847	11,992	10,876	160	200,960	174,036	157,834	335	880,966	762,940	691,909
44	15,198	13,162	11,936	165	213,716	185,084	167,852	340	907,460	785,885	712,717
46	16,611	14,385	13,046	170	226,865	196,471	178,179	345	934,346	809,169	733,834
48	18,086	15,663	14,205	175	240,406	208,198	188,815	350	961,625	832,793	755,258

[1] Für Schweißeisen (spez. Gew. = 7,8) sind die Gewichtangaben der nachstehenden Tabelle noch mit 0,994 zu multiplizieren.

E. Gewichtstabelle für Flacheisen.

Flußeisen[1]). 1 cdcm = 7,850 kg. 1 m wiegt kg:

Dicke in mm	Breite in mm						
	14	15	16	18	20	22	24
1	0,110	0,118	0,126	0,141	0,157	0,173	0,188
2	0,220	0,235	0,251	0,283	0,314	0,345	0,377
3	0,330	0,353	0,377	0,424	0,471	0,518	0,565
4	0,440	0,471	0,502	0,565	0,628	0,691	0,754
5	0,549	0,589	0,628	0,706	0,785	0,863	0,942
6	0,659	0,706	0,754	0,848	0,942	1,036	1,130
7	0,769	0,824	0,879	0,989	1,099	1,209	1,319
8	0,879	0,942	1,005	1,130	1,256	1,382	1,507
9	0,989	1,060	1,130	1,272	1,413	1,554	1,696
10	1,099	1,177	1,256	1,413	1,570	1,727	1,884
11	1,209	1,295	1,382	1,554	1,727	1,899	2,072
12	1,319	1,413	1,507	1,696	1,884	2,072	2,261
13	1,429	1,531	1,633	1,837	2,041	2,245	2,449
14	1,539	1,648	1,758	1,978	2,198	2,418	2,638
15	1,648	1,766	1,884	2,119	2,355	2,590	2,826
16	1,758	1,884	2,010	2,261	2,512	2,763	3,014
17	1,868	2,002	2,135	2,402	2,669	2,936	3,203
18	1,978	2,119	2,261	2,543	2,826	3,109	3,391
19	2,088	2,237	2,386	2,685	2,983	3,281	3,579
20	2,198	2,355	2,512	2,826	3,140	3,454	3,768
21	2,308	2,473	2,638	2,967	3,297	3,627	3,956
22	2,418	2,590	2,763	3,109	3,454	3,799	4,145
23	2,528	2,708	2,889	3,250	3,611	3,972	4,333
24	2,638	2,826	3,014	3,391	3,768	4,145	4,522
25	2,747	2,944	3,140	3,532	3,925	4,317	4,710
26	2,857	3,061	3,266	3,674	4,082	4,490	4,898
27	2,967	3,179	3,391	3,815	4,239	4,663	5,087
28	3,077	3,297	3,517	3,956	4,396	4,836	5,275
29	3,187	3,415	3,642	4,098	4,553	5,008	5,464
30	3,297	3,532	3,768	4,239	4,710	5,181	5,652
35	3,846	4,121	4,396	4,945	5,495	6,044	6,594
40	4,396	4,710	5,024	5,652	6,280	6,908	7,536
45	4,945	5,299	5,652	6,358	7,065	7,771	8,478
50	5,495	5,887	6,280	7,065	7,850	8,635	9,420

Dicke in mm	25	26	28	30	32	34	35
1	0,196	0,204	0,219	0,235	0,251	0,267	0,275
2	0,392	0,408	0,439	0,471	0,502	0,533	0,549
3	0,589	0,612	0,659	0,706	0,754	0,801	0,824
4	0,785	0,816	0,879	0,942	1,004	1,068	1,099
5	0,981	1,020	1,099	1,177	1,256	1,334	1,374
6	1,177	1,225	1,319	1,413	1,507	1,601	1,648
7	1,374	1,429	1,539	1,648	1,758	1,868	1,923
8	1,570	1,633	1,758	1,884	2,009	2,136	2,198
9	1,766	1,837	1,978	2,119	2,261	2,402	2,473
10	1,962	2,041	2,198	2,355	2,512	2,669	2,747
11	2,159	2,245	2,418	2,590	2,763	2,936	3,022

[1]) Für Schweißeisen (spez. Gewicht = 7,8) sind die Gewichtangaben der nachstehenden Tabellen noch mit 0,994 zu multiplizieren.

Dicke in mm	Breite in mm						
	25	26	28	30	32	34	35
12	2,355	2,449	2,638	2,826	3,014	3,202	3,297
13	2,551	2,653	2,857	3,061	3,270	3,470	3,572
14	2,747	2,857	3,077	3,297	3,716	3,737	3,846
15	2,944	3,061	3,297	3,532	3,768	4,003	4,121
16	3,140	3,266	3,517	3,768	4,020	4,270	4,396
17	3,336	3,470	3,737	4,003	4,270	4,537	4,671
18	3,532	3,674	3,956	4,239	4,522	4,805	4,945
19	3,729	3,878	4,176	4,474	4,772	5,071	5,220
20	3,925	4,082	4,396	4,710	5,024	5,338	5,494
21	4,121	4,286	4,616	4,945	5,276	5,605	5,770
22	4,317	4,490	4,836	5,181	5,526	5,871	6,044
23	4,514	4,694	5,055	5,416	5,778	6,139	6,319
24	4,710	4,898	5,275	5,652	6,028	6,406	6,594
25	4,906	5,102	5,495	5,887	6,280	6,672	6,869
26	5,102	5,306	5,715	6,123	6,532	6,939	7,143
27	5,299	5,511	5,935	6,358	6,782	7,206	7,418
28	5,495	5,715	6,155	6,594	7,034	7,474	7,693
29	5,691	5,919	6,374	6,829	7,284	7,740	7,968
30	5,887	6,123	6,594	7,065	7,536	8,007	8,241
35	6,869	7,143	7,693	8,242	8,792	9,341	9,616
40	7,850	8,164	8,792	9,420	10,048	10,676	10,988
45	8,831	9,184	9,891	10,597	11,304	12,010	12,364
50	9,812	10,205	10,990	11,775	12,560	13,345	13,737

Dicke in mm	36	38	40	42	44	45	46
1	0,283	0,298	0,314	0,330	0,345	0,353	0,361
2	0,565	0,597	0,628	0,659	0,691	0,706	0,723
3	0,847	0,895	0,942	0,989	1,037	1,059	1,083
4	1,130	1,194	1,256	1,318	1,382	1,413	1,444
5	1,413	1,491	1,570	1,648	1,727	1,766	1,805
6	1,696	1,789	1,884	1,979	2,072	2,119	2,167
7	1,979	2,088	2,198	2,308	2,417	2,473	2,528
8	2,260	2,386	2,512	2,638	2,764	2,826	2,888
9	2,543	2,685	2,826	2,967	3,109	3,179	3,249
10	2,826	2,983	3,140	3,297	3,454	3,532	3,611
11	3,109	3,281	3,454	3,627	3,799	3,886	3,972
12	3,391	3,580	3,768	3,956	4,144	4,239	4,334
13	3,673	3,878	4,082	4,286	4,491	4,592	4,694
14	3,956	4,176	4,396	4,615	4,836	4,945	5,055
15	4,239	4,474	4,710	4,945	5,181	5,299	5,416
16	4,522	4,772	5,024	5,276	5,526	5,652	5,778
17	4,805	5,071	5,338	5,605	5,871	6,005	6,139
18	5,086	5,369	5,652	5,935	6,218	6,358	6,499
19	5,369	5,668	5,966	6,264	6,563	6,712	6,861
20	5,652	5,966	6,280	6,594	6,908	7,064	7,222
21	5,935	6,264	6,594	6,924	7,253	7,418	7,583
22	6,217	6,563	6,908	7,253	7,598	7,774	7,945
23	6,499	6,861	7,222	7,583	7,945	8,125	8,305
24	6,782	7,160	7,536	7,912	8,290	8,478	8,666
25	7,065	7,458	7,850	8,242	8,635	8,831	9,027

Dicke in mm	Breite in mm						
	36	38	40	42	44	45	46
26	7,348	7,756	8,164	8,573	8,980	9,184	9,389
27	7,631	8,054	8,478	8,902	9,325	9,538	9,750
28	7,912	8,352	8,792	9,232	9,672	9,891	10,110
29	8,195	8,651	9,106	9,561	10,017	10,244	10,472
30	8,478	8,949	9,942	9,891	10,362	10,596	10,833
35	9,891	10,440	10,990	11,539	12,089	12,363	12,638
40	11,304	11,932	12,560	13,188	13,816	14,128	14,444
45	12,717	13,423	14,130	14,486	15,543	15,896	16,249
50	14,130	14,915	15,700	16,485	17,270	17,662	18,055

Dicke in mm	48	50	55	60	65	70	75
1	0,376	0.392	0,432	0,471	0,510	0,549	0,589
2	0,754	0,785	0,863	0,942	1,020	1,099	1,177
3	1,130	1,178	1,295	1,413	1,531	1,648	1,766
4	1,508	1,570	1,727	1,884	2,041	2,198	2,355
5	1,884	1,962	2,159	2,355	2,551	2,747	2,944
6	2,260	2,355	2,590	2,826	3,061	3,297	3,532
7	2,638	2,747	3,022	3,297	3,572	3,846	4,121
8	3,014	3,140	3,454	3,768	4,082	4,396	4,710
9	3,892	3,532	3,886	4,239	4,592	4,945	5,299
10	3,768	3,925	4,317	4,710	5,102	5,495	5,887
11	4,144	4,317	4,749	5,181	5,613	6,044	6,476
12	4,522	4,710	5,181	5,652	6,123	6,594	7,065
13	4,898	5,102	5,613	6,123	6,633	7,143	7,654
14	5,276	5,495	6,044	6,594	7,143	7,693	8,242
15	5,652	5,887	6,476	7,065	7,654	8,242	8,831
16	6,028	6,280	6,908	7,536	8,164	8,792	9,420
17	6,406	6,672	7,340	8,007	8,674	9,341	10,009
18	6,782	7,065	7,771	8,478	9,184	9,891	10,597
19	7,160	7,457	8,203	8,949	9,695	10,440	11,186
20	7,536	7,850	8,634	9,420	10,204	10,990	11,774
21	8,812	8,242	9,067	9,891	10,715	11,539	12,364
22	8,290	8,635	9,498	10,362	11,225	12,089	12,952
23	8,666	9,027	9,930	10,833	11,736	12,638	13,541
24	9,044	9,420	10,362	11,304	12,246	13,188	14,130
25	9,420	9,812	10,794	11,775	12,756	13,737	14,719
26	9,796	10,205	11,225	12,246	13,266	14,287	15,307
27	10,174	10,597	11,657	12,717	13,777	14,836	15,896
28	10,550	10,990	12,089	13,188	14,287	15,386	16,530
29	10,928	11,382	12,521	13,659	14,797	15,935	17,074
30	11,304	11,775	12,951	14,130	15,306	16,485	17,661
35	13,188	13,737	15,111	16,485	17,859	19,232	20,606
40	15,072	15,700	17,268	18,840	20,408	21,980	23,548
45	16,956	17,662	19,429	21,195	22,961	24,727	26,494
50	18,840	19,625	21,585	23,550	25,510	27,475	29,435

Dicke in mm	80	85	90	100	110	120	130
1	0,628	0,767	0,706	0.785	0,863	0,942	1,020
2	1,256	1,334	1,413	1,570	1,727	1,884	2,041
3	1,884	2,002	2,119	2,355	2,590	2,826	3,061

Dicke in mm	Breite in mm 80	85	90	100	110	120	130
4	2,512	2.669	2,826	3,140	3,454	3,768	4,082
5	3,140	3,336	3,532	3,925	4,317	4,710	5,102
6	3,768	4,003	4,239	4,710	5,181	5,652	6,123
7	4,396	4,671	4,945	5,495	6,046	6,594	7,143
8	5,024	5,388	5,652	6,280	6,908	7,536	8,164
9	5,652	6,005	6,358	7,065	7,771	8,478	9,184
10	6,280	6,672	7,065	7,850	8,635	9,420	10,205
11	6,908	7,340	7,771	8,635	9,498	10,362	11,225
12	7,536	8,007	8,478	9,420	10,362	11,304	12,246
13	8,164	8,674	9,184	10,205	11,225	12,246	13,266
14	8,792	9,341	9,891	10,990	12,089	13,188	14,287
15	9,420	10,009	10,597	11,775	12,952	14,130	15,307
16	10,048	10,676	11,304	12,560	13,816	15,072	16,328
17	10,676	11,343	12,010	13,345	14,679	16,014	17,348
18	11,304	12,010	12,717	14,130	15,543	16,956	18,369
19	11,930	12,678	13,423	14,915	16,406	17,898	19,389
20	12,560	13,344	14,130	15,700	17,270	18,840	20,410
21	13,188	14,012	14,836	16,485	18,133	19,782	21,430
22	13,816	14,679	15,543	17,270	18,997	20,724	22,451
23	14,444	15,347	16,249	18,055	19,860	21,666	23,471
24	15,072	16,014	16,956	18,840	20,724	22,608	24,492
25	15,700	16,681	17,662	19,625	21,587	23,550	25,512
26	16,328	17,348	18,369	20,410	22,451	24,492	26,533
27	16,956	18,016	19,075	21,195	23,314	25,434	27,553
28	17,584	18,683	19,782	21,980	24,178	26,376	28,574
29	18,212	19,350	20,488	22,765	25,041	27,318	29,594
30	18,840	20,016	21,195	23,550	25,905	28,260	30,615
35	21,980	23,354	24,727	27,475	30,222	32,970	35,717
40	25,120	26,688	28,260	31,400	34,540	37,680	40,820
45	28,260	30,026	31,792	35,325	38,857	42,390	45,922
50	31,400	33,360	35,325	39,250	43,175	47,100	51,025

Dicke in mm	140	150	160	170	180	190
1	1,099	1,177	1,256	1,334	1,413	1,491
2	2,198	2,355	2,512	2,669	2,826	2,983
3	3,297	3,532	3,768	4,003	4,239	4,474
4	4,396	4,710	5,024	5,338	5,652	5,966
5	5,495	5,887	6,280	6,672	7,060	7,457
6	6,594	7,065	7,536	8,007	8,478	8,949
7	7,693	8,242	8,792	9,341	9,891	10,440
8	8,792	9,420	10,048	10,678	11,304	11,932
9	9,891	10,597	11,304	12,010	12,717	13,423
10	10,990	11,775	12,560	13,345	14,130	14,915
11	12,089	12,952	13,816	14,679	15,543	16,406
12	13,188	14,130	15,072	16,014	16,956	17,898
13	14,287	15 307	16,328	17,348	18,369	19,389
14	15,386	16,485	17,584	18,683	19,782	20,881
15	16,485	17,662	18,840	20,017	21,195	22,372
16	17,584	18,840	20,096	21,352	22,608	23,864
17	18,683	20,017	21,352	22,686	24,021	25,355

Dicke in mm	Breite in mm					
	140	150	160	170	180	190
18	19,782	21,195	22,608	24,021	25,434	26,847
19	20,881	22,372	23,864	25,355	26,847	28,338
20	21,980	23,550	25,120	26,690	28,260	29,830
21	23,079	24,727	26,376	28,024	29,673	31,321
22	24,178	25,905	27,632	29,359	31,086	32,813
23	25,277	27,082	28,888	30,693	32,499	34,304
24	26,376	28,260	30,144	32,028	33,912	35,796
25	27,475	29,437	31,400	33,362	35,325	37,287
26	28,574	30,615	32,656	34,697	36,738	38,795
27	29,673	31,792	33,912	36,031	38,151	40,770
28	30,772	32,970	35,168	37,366	39,564	41,262
29	31,871	34,147	36,424	38,700	40,977	43,753
30	32,970	35,325	37,680	40,035	42,390	44,274
35	38,465	41,212	43,960	46,707	49,455	52,202
40	43,960	47,100	50,240	53,380	56,520	59,660
45	49,455	56,978	56,520	60,052	63,585	67,117
50	54,950	58,875	62,800	66,725	70,650	74,575